国家开放大学学分银行体系国家信息化计算机教育认证项目（CEAC）

ECETC | 电子商务从业人员培训考试认证项目指定教材

CEAC
ECETC
指定教材

移动电商
建站方向

张卫林 董征宇◎主编
杨迎欣 赵玉林 韩洁◎副主编
CEAC 信息化培训认证管理办公室◎组编

U0305920

人民邮电出版社

北 京

图书在版编目（CIP）数据

移动电商：建站方向 / 张卫林，董征宇主编. --
北京：人民邮电出版社，2016.7
ISBN 978-7-115-42248-4

Ⅰ. ①移… Ⅱ. ①张… ②董… Ⅲ. ①电子商务—网
站—建设 Ⅳ. ①F713.36②TP393.092

中国版本图书馆CIP数据核字（2016）第079683号

内 容 提 要

本书主要讲解了移动电子商务建站概述、移动电子商务建站岗位的基本要求、移动电子商务应
用产品设计、移动电子商务用户体验优化设计、移动电子商务开放平台、移动电子商务建站常用工
具、移动电子商务应用中的手机端支付、移动电子商务建站案例分析这些内容。

本书内容翔实、结构清晰、图文并茂。每章均以学习目标与要求、案例导入、知识讲解、本章
小结、课后练习题的结构进行讲述。书中通过大量的图示、表格等形式指导读者快速有效地掌握相
关知识和技能。

本书适合各类大中专院校、社会培训学校的电子商务相关专业作为教材使用，同时可供不同层
次的移动电商相关从业人员学习和参考。

◆ 主　编　张卫林　董征宇
　　副主编　杨迎欣　赵玉林　韩　洁
　　责任编辑　刘　琦
　　执行编辑　朱海昀
　　责任印制　焦志炜

◆ 人民邮电出版社出版发行　　北京市丰台区成寿寺路 11 号
　　邮编　100164　电子邮件　315@ptpress.com.cn
　　网址　http://www.ptpress.com.cn
　　北京艺辉印刷有限公司印刷

◆ 开本：787×1092　1/16
　　印张：14.5　　　　　　　　　　2016 年 7 月第 1 版
　　字数：290 千字　　　　　　　2016 年 7 月北京第 1 次印刷

定价：36.00 元

读者服务热线：(010)81055256　印装质量热线：(010)81055316
反盗版热线：(010)81055315
广告经营许可证：京东工商广字第 8052 号

本书编委会

主 编：张卫林 董征宇

副 主 编：杨迎欣 赵玉林 韩 洁

编 委（按姓氏笔画排序）：

卫世浩 王进君 杨 波

杨忠智 邹 岩 周晓茜

郝文荣 荀 骁 施玲玲

徐 燕 宿学彬 谢桂袖

❧ 前　　言 ❧

伴随中国电子商务市场的纵深发展，移动设备及移动互联网的普及，移动电子商务作为一种新型的电子商务方式，也进入行业的飞速发展期，电商的移动互联网时代势不可当。而目前移动电商行业的人才供应跟不上市场的需求。预计未来移动电子商务行业将有 200 万左右的人才缺口，同时可能出现岗位年薪按 30%幅度的增长。

为培养有志于或正在从事移动电商行业的实用型人才，使他们掌握现代化商贸理论和电子信息化的专业手段，能从事与现代商务活动相关的电子商务网站建设、管理、运营、营销等工作岗位，国家开放大学联手中国电子商务协会，依托国家开放大学"学分银行"制度，结合移动电子商务实际应用岗位需求，开展移动电子商务人才培训工作，并开发了移动电子商务系列教程。本书为系列教程之一。

本书的目标与内容

本书旨在让读者掌握从事移动电商建站相关工作的基本知识和专业技能，最终成为全面发展的复合型、应用型人才。

本书共 8 章，各章具体内容分别如下。

◇　**第 1 章**：主要讲解了移动电子商务的定义、环境要素、特点，移动电子商务建站平台分类、建站发展历程，搭建移动电子商务平台的方法，移动电子商务发展趋势等。

◇　**第 2 章**：主要讲解了移动电子商务建站岗位的概况、建站岗位的细分、建站人员就业发展方向等。

◇　**第 3 章**：主要讲解了移动电子商务应用产品设计的概况、规划与设计，移动电子商务网站建站流程，以及如何做好移动电子商务产品设计经理等。

◇　**第 4 章**：主要讲解了移动电子商务用户体验基础、移动电子商务平台流程设计、移动电子商务 APP 用户体验设计等。

◇　**第 5 章**：主要讲解了开放平台基础、接入开放平台的优势、开放平台实施战略、打造良好开放平台的关键、吸引品牌商入驻开放平台的技巧、开放平台面临的困境等。

◇ **第 6 章**：主要讲解了各种移动电子商务建站工具的使用，包括思维导图类工具、原型设计类工具、图片处理类工具、网页设计类工具、APP 制作类工具、流程图类工具和文档演示类工具等。

◇ **第 7 章**：主要讲解了手机支付的基本概念、基本技术，以及手机支付的路径、手机支付的方式、开通 Shopex 支付功能的方法、移动支付的发展现状和趋势等。

◇ **第 8 章**：主要讲解了基于 B/S 模式的平台搭建、基于 C/S 模式的平台搭建、基于微信模式的平台搭建的知识和相关案例。

本书的体例特色

在对众多培训学校目前的教学方式、教学内容等方面长达 1 年的调研基础上，我们有针对性地设计并编写了本书，特色如下。

◇ **知识讲解部分**：以"移动电子商务师（建站岗位）"的考试大纲为基础，结合阅读习惯，将必备的理论知识进行了全面且系统讲解，并通过大量图示、表格等方式，对枯燥的理论知识加以形象化说明，方便读者高效学习。

◇ **内容提示部分**：对一些不够完善的、容易引起歧义的内容等，均通过"提示"栏目加以补充、延伸和解释，使读者可以更加理解书中所讲的知识。

◇ **本章小结部分**：对每章所讲的内容进行系统梳理，使读者在学习完每章内容后，可以通过本章小结重温所学习的内容。

◇ **课后练习部分**：结合每章内容给出若干难度适中的练习题，通过练习可以达到巩固和进一步理解每章知识的目的。

本书由 CEAC 信息化培训认证管理办公室及电子商务从业人员培训考试认证管理办公室组织编写，由成都职业技术学院张卫林、重庆电子工程职业学院董征宇担任主编，由石家庄盛世网络有限公司杨迎欣、深圳技师学院赵玉林、新华教育集团韩洁担任副主编。本书在编写过程中参考了大量书籍和网站内容，在此对相关作者一并致谢！虽然编者在编写本书的过程中倾注了大量心血，但恐百密之中仍有疏漏，恳请广大读者及专家不吝赐教。

编　者
2016 年 2 月

❧ 本书说明 ❧

　　本书是国家信息化计算机教育认证项目（CEAC）、电子商务从业人员培训考试认证项目（ECETC）体系下移动电子商务课程指定教材，也是国家开放大学移动电子商务证书教育课程（学习网址：xiangxue8.com）的参考教材。该课程由国家开放大学培训学院、中国电子商务协会 CEAC 信息化培训认证管理办公室及电子商务从业人员培训考试认证管理办公室联合开发。完成该课程的学习并通过考核的学习者，即可申请获得中国电子商务协会移动电子商务师认证证书，并可以积攒国家开放大学学分银行认可的课程学分，获得职业技能和学历双提升。

　　国家信息化计算机教育认证项目（CEAC）是由工业和信息化部（原信息产业部）、国家信息化推进工作办公室于 2002 年批准设立，由工业和信息化部信息化推进司指导、中国电子商务协会管理，由 CEAC 信息化培训认证管理办公室统一实施的职业技能认证项目。CEAC 始终坚持并实践"以精品课程建设为基础、以促进教学发展为目标、以科学考评为手段、以综合岗位能力认证为导向"的综合服务体系。

　　电子商务从业人员培训考试认证项目（ECETC）由中国电子商务协会全权监管，并由中国电子商务协会设立"电子商务从业人员培训考试认证管理办公室"。该认证管理办公室主要负责电子商务从业人员岗位职业标准的建立，组织开展电子商务从业人员的培训考试与认证等工作。

　　国家开放大学学分银行致力于促进全民终身学习，建设具备学分认证、转换、存取等功能的学分银行系统，为每个学习者建立个人终身学习档案。学习者可以按照学分累积规则，零存整取。国家开放大学学分银行鼓励社会成员通过各种形式的学习累积学分，实现学历教育与非学历教育之间的沟通和衔接，搭建终身教育"立交桥"，促进终身教育体系的形成。需要资讯相关信息的可联系 qdh@ceac.org.cn，或关注微信公众号 CEAC2002。

◄ 目　　录 ►

第1章

移动电子商务建站概述

📖 学习目标与要求

全面了解移动电子商务的发展，充分认识到学习移动电子商务的重要性，培养学习本门课程的兴趣。了解电子商务与移动电子商务的区别，了解移动电子商务平台的分类，掌握搭建移动电子商务平台的方法，了解移动电子商务发展的历程及发展趋势。

【学习重点】

- 移动电子商务与传统电子商务的区别
- 移动电子商务的技术支撑
- 移动电子商务的分类

【学习难点】

- 移动电子商务技术专业术语，如 WAP 协议，GPRS，3G，移动 IP 等
- 搭建移动电子商务平台的方法

🔍 【案例导入】

移动办公组网实现了物流数据实时传输

邦达物流公司是一家专业的医药物流服务商，在各地设有许多分支机构，是国内较早进行电子商务的企业。对邦达公司管理层来说，既需要随时了解货物流的动态信息，又需要实时掌握公司庞大的资金运作情况、库存情况、各种经营及财务数据。这些特点，使邦达公司较早地建立了公司的内部网络来进行管理和处理业务。如该公司有一套票务系统，考虑到公司数据传输的安全性和保密性，票务系统只能在内部网内运用。同时，由于邦达公司的分支机构遍布各地，原来的数据都是通过 QQ 进行传输或用 U 盘拷贝后再用人工传送。无论哪种方法，都存在安全隐患或时效性不强的缺陷。

启用移动电子商务移动办公业务后，这些问题都迎刃而解，全面解决了困扰企业

信息实时共享的难题。移动办公组网不但解决了邦达公司总部与各分部物流系统的互联，还解决了总部与省内外各分支机构数据的同步传输，构建了全公司统一的信息化平台，大大提高了公司的工作效率。同时，邦达公司总部还拥有一个高效、安全、稳定的网络解决方案，包括防火墙、NAT、带宽管理、QOS 保障等，很好地满足了公司基础网络平台的技术要求。

经过一段时间的运行，邦达公司对移动办公组网系统非常满意，做出了安全、快速、稳定的评价。从安全性来说，移动办公组网采用了传输加密、密码接入鉴权、硬件捆绑接入认证、权限管理这 4 种措施，确保企业信息传输安全、可靠。从数据传输速度来说，移动办公组网独有的数据流量压缩技术，能够把网络带宽利用率提高 130%。其带宽叠加技术，能够将多条互联网的接入带宽叠加，大大提高网络互联的速度。该系统还具有多线路备份功能，使网络通道永不断线。从稳定性来说，移动办公组网系统的设计和设备配置，能够长时间地稳定运行，完全能满足企业对网络稳定性的要求。

在使用了一段时间移动办公组网业务后，邦达公司表示，物流将是今后企业物资传输的命脉，今后将会开办越来越多的分支机构来满足社会的需求，移动电子商务上的移动办公组网非常适合物流企业，帮助企业实现腾飞的梦想，希望移动电子商务越办越好。

启示： 移动电子商务是利用移动互联网和移动终端进行各种数据处理、分享、交易的平台。由于其自身拥有的优势，移动电子商务如今已成为人们工作、学习和生活中不可缺少的部分，越来越受各行各业的青睐。

📶 1.1　什么是移动电子商务

广义上的商务是指一切与买卖商品服务相关的商业事务。狭义的商务则是指商业或贸易，也就是俗称的买卖。电子商务就是在电子设备上进行的各种商务活动。随着通信技术和通信设备的发展，以及移动终端设备的普及，渐渐衍生出了移动电子商务的概念，即在移动终端设备上进行的电子商务活动，如图 1-1 所示。

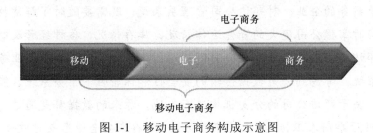

图 1-1　移动电子商务构成示意图

1.1.1　移动电子商务的定义

移动电子商务（M-Commerce）由电子商务（E-Commerce）的概念衍生出来，电子商务以 PC 机为主要界面，是有线电子商务的延伸和拓展。移动电子商务则是通过手机、PDA（个人数字助理）等无线终端进行的 B2B、B2C 或 C2C 等电子商务。

- **B2B**："Business To Business" 的缩写，指的是企业对企业之间的营销关系。也就是说，进行电子商务交易的供需双方都是商家（或企业、公司），他们使用互联网技术或各种商务网络平台完成商务交易。因此 B2B 可以理解为网上商贸平台。

- **B2C**："Business To Customer" 的缩写，指企业对客户之间的营销关系。也就是通常说的直接面向消费者销售产品和服务的商业零售模式。这种形式的电子商务一般以网络零售业为主，主要借助于互联网开展在线销售活动。因此 B2C 可以理解为网上商城。

- **C2C**："Customer To Customer" 的缩写，指个人与个人之间的电子商务，常见的淘宝网、拍拍网等使用的均是 C2C 模式。因此 C2C 可以理解为网店。

1.1.2　构成移动电子商务环境的要素

构成移动电子商务环境的要素主要包括用户、使用环境、移动设备、浏览器、互联网接入、网站结构和内容。

- **用户**：参与移动电子商务过程的人。
- **使用环境**：用户使用移动设备进行电子商务时所处的物理环境、社会环境、时间环境等。
- **移动设备**：通常所指的具备联网能力的手机、PDA 等。
- **浏览器**：安装在移动设备上的网站浏览软件。
- **互联网接入**：移动设备与网络的连接。
- **网站结构与内容**：企业为用户提供产品和服务的平台，是移动电子商务网站商业目的、信息和技术的综合体现。

1.1.3　移动电子商务的三大特点

移动电子商务是近几年兴起并得到迅速发展的行业领域，因其具备自身的一些特点，才能被用户接受和青睐。

- **方便**：移动终端既是一个移动通信工具，又是一个移动 POS 机，一个移动的银行 ATM 机。用户可在任何时间、任何地点进行电子商务交易和办理银行业务，包括支付。
- **安全**：使用手机银行业务的客户可更换为大容量的 SIM 卡，使用银行可靠的密钥对信息进行加密，传输过程全部使用密文，安全可靠。

- **迅速灵活**：用户可根据需要灵活选择访问和支付方法，并设置个性化的信息格式。

1.1.4　移动电子商务与传统电子商务区别

由于移动电子商务是传统电子商务的一种延续和拓展，因此二者之间既具备相同点，也具备不同点。

1．相同点

移动电子商务与传统电子商务的相同点如下。

（1）都是基于互联网的。如果无法实现联网，则二者都不能体现任何作用和功能。

（2）基础性、普遍性、常用性业务率先发展，然后逐步发展出长尾和细分。比如手机的定位功能，首先需要实现最基本的定位服务，即手机所在位置的查询，然后才根据需要进一步发展出定位手机周围的对象的功能，如5千米内有多少家银行等。

 提示：长尾理论是指只要产品的存储和流通的渠道足够大，需求不旺或销量不佳的产品所共同占据的市场份额可以和那些少数热销产品所占据的市场份额相匹敌，甚至更大，即众多小市场汇聚成可产生与主流相匹敌的市场能量。

（3）病毒传播等营销特征显著。病毒传播即病毒营销（Viral Marketing），并不是指传播电脑病毒，而是指那些鼓励目标受众，把想要推广的信息，像病毒一样传递给周围的人，让每一个受众都成为传播者，让推广信息在曝光率和营销上，产生几何级增长速度的一种营销推广策略。

（4）以共享、体验作为主要的文化特征，强调平等开放。

（5）通过服务和产品尝试，逐步影响到行为习惯的迁移，到思维方式的迁移，再到意识模式的迁移。

2．不同点

就移动电子商务与传统电子商务的不同点而言，移动电子商务具备以下一些特征。

（1）个性化和定制化进一步彰显。如手机定位功能，这是传统PC机无法实现的。

（2）移动终端可随时在工作、学习或休闲时间进行想要的电子商务活动，而PC机只能固定在某个环境下进行。移动终端即时性更加突出，碎片化应用模式更容易实现。

（3）由于移动终端设备的屏幕相较于PC机更小，如何在有限的空间合理布局出有用的信息就显得更加重要，因此小屏应用更加强调应用的整合性体验（获取、管理、使用三位一体）。

（4）位置信息、人物信息、账户和支付信息与应用信息整合。

📶1.2　移动电子商务建站平台的分类

随看移动电子商务被越来越多的用户接受，移动电子商务的建站平台也更加多样化。根据不同的分类标准，可以对其建站平台进行分类，以便更好地认识此对象。

1.2.1　按内容表现形式分类

按照内容表现形式，可将移动电子商务建站平台分为 Web 类（网页类）和 APP 类两种。

• **Web 类**：指通过移动设备上的浏览器访问电子商务平台，在网页上完成交易活动，如图 1-2 所示。

• **APP 类**：指需要事先下载并安装商家提供的 APP 应用程序到移动终端设备上，然后利用该 APP 程序完成相关的交易活动，如图 1-3 所示。

图 1-2　Web 类移动电子商务平台

图 1-3　APP 类移动电子商务平台

1.2.2　按技术架构分类

按技术架构的标准可以将移动电子商务建站平台分为基于浏览器的 Web 网站和

基于应用的 APP 的网店。这种分类与上一种的结果类似，不同之处在于强调技术架构的不同。

- **基于浏览器的 Web 网站**：指用户在移动终端通过系统里的浏览器直接来访问的电子商务平台，用户可以在上面完成购物、下订单、支付等操作。
- **基于应用的 APP 的网店**：APP 是 Application Program，即第三方应用程序，手机 APP 商城是在智能手机流行后才出现的，由第三方开发，需要用户下载安装才能使用的应用程序。图 1-4 所示即为下载的手机淘宝 APP 及安装到手机上后显示的程序图标。

图 1-4　下载 APP 后获取的文件

1.2.3　按交易类型分类

以交易类型为标准，可将移动电子商务建站平台分为网购类、二手交易类、移动支付类、购物分享类、团购类、比价/折扣/查询类等多种类别。

1. 网购类

网购类是最常见的应用。最常用的平台有淘宝，此外还有 B2C 类品牌客户端，比如凡客、京东。它们更多地承载着导购和为 Web 端内容服务的责任。

因为淘宝的业务十分庞杂，所以淘宝本身的应用被拆分成好几个客户端来实现。比如淘宝彩票、淘宝精品、淘宝求购、淘宝女人街等，有淘宝 UED 部门设计开发的，也有第三方的，质量参差不齐。

2. 二手交易类

因为移动终端设备可以分享地理位置，并且有良好的拍照功能，所以线上发信息，线下交易的模式变得更加方便快捷，这也促成了二手交易类电子商务平台的产生。这类代表性的平台包括赶集生活、微百姓等。图 1-5 所示即为某二手交易类电子商务平台的效果。

3. 移动支付类

移动支付是移动购物和消费的辅助手段，目前常用的移动支付类电子商务平台就是支付宝，如图 1-6 所示。该 APP 仅百度应用就已经有超过 6700 万次的下载。

4. 购物分享类

移动电子商务的兴起，越来越多的人愿意对购买的商品做出评价，而评价则影响用户的购买，随之产生的便是越来越多的购物分享类电子商务平台。现在的购物分享主要还是垂直类，及与网购结合的购物分享。例如，美丽说和蘑菇街，都和女性购物有关，运营的内容多为服饰、护肤品。合作的商家主要是这类商品的 B2C 商家和淘宝店。图 1-7 所示为某购物分享类电子商务平台的效果。

图 1-5 二手交易类电子商务平台

图 1-6 支付宝 APP

(a)　　　　　　　　　　　　(b)

图 1-7 购物分享类电子商务平台

 提示：垂直类电子商务平台都集中在某些特定的领域或某种特定的需求，提供有关这个领域或需求的全部深度信息和相关服务。作为互联网的亮点，垂直网站正引起越来越多人的关注。

5．团购类

团购类电子商务平台一般都预设了周边团购功能，可以通过定位用地图显示周围的团购资源。团购移动化的立意应该是提供更好的售后，所以地图功能、点评功能都是可以尝试的地方，这类代表性的平台如百度糯米等，如图1-8所示。

图1-8　团购类电子商务平台

6．比价、折扣、查询类

这类电子商务平台都是为了更好地激发购物欲或为用户提供省钱、省时间等服务而出现的，代表性平台包括我查查、折800等，如图1-9所示。

(a)　　　　　　　　　　　　　(b)

图1-9　比价、折扣、查询类平台

📶1.3　移动电子商务建站的发展历程

随着移动电子商务越来越普及，实体渠道与网络渠道相辅相成、逐步融合，网络广告的价值日渐提高，网络广告模式创新不断出现，移动电子商务建站需求也越来越大。下面我们来了解与移动电子商务建站发展相关的知识。

1.3.1　移动电子商务的技术支撑

创建移动电子商务平台需要专业的技术支持，这其中既涉及了硬件设备，又包含了软件工具，如无线应用协议、移动 IP、蓝牙、通用分组无线服务技术、移动定位系统、第三代（3G）移动通信系统等。

1. 无线应用协议（Wap）

无线应用协议是一项全球性的网络通信协议，它使移动互联网有了一个通行的标准，其目标是将互联网的丰富信息及先进的业务引入到移动电话等无线终端之中。

通过无线应用协议，手机可以随时随地、方便快捷地接入互联网，真正实现不受时间和地域约束的限制。无线应用协议能够运行于各种无线网络之上，如 GSM（全球移动通信系统）、GPRS（通用分组无线业务）、CDMA（码分多址技术）等。支持无线应用协议技术的手机能浏览所有由 WML（无线注标语言）描述的互联网内容，这为移动电子商务奠定了使用的基础。

- **GSM**：GSM 是当前应用最为广泛的移动电话标准。全球超过 200 个国家和地区超过 10 亿人正在使用 GSM 电话。GSM 较之它以前的标准，最大的不同是它的信令和语音信道都是数字式的，因此 GSM 被看作是第二代（2G）移动电话系统。

- **CDMA**：码分多址是在数字技术的"分支—扩频"通信技术上发展起来的一种无线通信技术。其原理是基于扩频技术，即将需传送的具有一定信号带宽信息的数据，用一个带宽远大于信号带宽的高速伪随机码进行调制，使原数据信号的带宽被扩展，再经载波调制并发送出去。接收端使用完全相同的伪随机码，与接收的带宽信号作相关处理，把宽带信号换成原信息数据的窄带信号（即解扩），以实现信息通信。

- **WML**：无线标记语言是一种标记语言，与 HTML（标准通用标记语言下的一个应用）类似。它基于可扩展标记语言（标准通用标记语言下的一个子集），是专门为手持式移动通信终端（手机）设计的，HTML 是为 PC 机设计的。

2. 移动 IP

移动 IP 技术就是让计算机在互联网及局域网中不受任何限制的即时漫游，也称移动计算机技术。移动 IP 通过在网络层改变 IP 协议，从而实现移动计算机在 Internet 中的无缝漫游。移动 IP 现在有两个版本，分别为 Mobile IPv4 和 Mobile IPv6，目前广泛使用的仍然是 Mobile IPv4。

3．蓝牙（Bluetooth）

蓝牙是一种短距离无线通信技术标准，可实现固定设备、移动设备和楼宇范围的局域网之间的短距离数据交换（使用 2.4～2.485GHz 的 ISM 波段的 UHF 无线电波）。蓝牙可连接多个设备，能在包括移动电话、PDA、无线耳机、笔记本电脑等相关外设之间进行无线信息交换。

4．通用分组无线服务技术（GPRS）

GPRS（General Packet Radio Service）是通用分组无线服务技术的简称，经常被描述成"2.5G"，也就是说这项技术位于第二代（2G）和第三代（3G）移动通信技术之间。GPRS 的速度比 GSM 快 10 倍，GPRS 的传输速率可提升至 56kbit/s 甚至 114kbit/s，可以稳定地传送大容量的高质量音频与视频文件。

5．移动定位系统

移动定位系统是指通过特定的定位技术来获取移动手机或终端用户的位置信息（经纬度坐标），在电子地图上标出被定位对象的位置的技术或服务。定位技术有两种，一种是基于 GPS 的定位，另一种是基于移动运营网基站的定位。

LBS（基于位置服务）通过电信移动运营商的无线电通信网络（如 GSM 网、CDMA 网、3G）或外部定位方式（如 GPS）获取移动终端用户的位置信息。移动电子商务的主要应用领域之一就是基于位置的业务，如它能够向旅游者和外出办公的公司员工提供当地新闻、天气及旅馆等信息。

6．第三代（3G）移动通信系统

3G 是第三代移动通信技术，是指支持高速数据传输的蜂窝移动通信技术。3G 服务能够同时传送声音及数据信息，速率一般在每秒几百千位以上。3G 是指将无线通信与国际互联网等多媒体通信结合的新一代移动通信系统。3G 存在 3 种标准，分别是 CDMA 2000、WCDMA、TD-SCDMA。

- **CDMA2000**：其全称为 Code Division Multiple Access 2000，是一个 3G 移动通讯标准，国际电信联盟 ITU 的 IMT-2000 标准认可的无线电接口，也是 2G CDMAOne 标准的延伸。

- **WCDMA**：宽带码分多址，全称为 Wideband Code Division Multiple Access，是一种 3G 蜂窝网络，使用的部分协议与 2G GSM 标准一致。具体来说，WCDMA 是一种利用码分多址复用方法的宽带扩频 3G 移动通信空中接口。

- **TD-SCDMA**：其全称为 Time Division-Synchronous Code Division Multiple Access，即时分同步码分多址，是我国提出的第三代移动通信标准，也是 ITU 批准的 3 个 3G 标准中的 1 个，是以我国知识产权为主的、被国际上广泛接受和认可的无线通信国际标准，也是我国电信史上重要的里程碑。

1.3.2   通信技术发展历史

随着科技的不断发展，通信技术水平也呈现出巨大的飞跃。从 1995 年到目前为止，通信技术的发展经历了若干阶段，各阶段标志性技术的产生如图 1-10 所示。

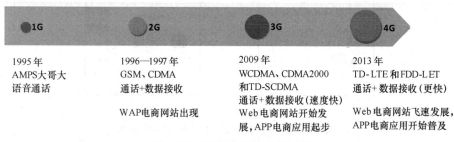

图 1-10   通信技术的发展过程

📶1.4   搭建移动电子商务平台的方法

因特网、移动通信技术和其他技术的完美结合创造了移动电子商务。移动电子商务环境的成熟，导致移动电子商务平台的搭建越来越重要。与此同时，对应的移动电子商务网站，移动 APP 应用层出不穷。本节将对移动电子商务平台的搭建方法进行介绍。

1.4.1   移动电子商务平台的构成和特点

移动电子商务是一个新的商务环境，有别于传统的电子商务环境，因此，在构建电子商务网站的过程中，必须要考虑到它的用户、使用环境、移动设备与浏览器、互联网接入、网站结构与内容等因素的影响，而不是简单的复制和照搬。关于移动电子商务平台的构成和特点，可参见本章 1.1 小节中的相关内容，这里不重复说明。

1.4.2   移动 Web 网站

移动 Web 网站是更容易使用移动设备进行访问的网站，它不需要专门下载对应的 APP，只要能通过浏览器访问互联网，便可以成功访问需要的移动 Web 网站。

1. 案例

图 1-11 所示分别为淘宝和京东的移动 Web 网站。移动 Web 网站的网页界面是专门针对移动设备而搭建的网站，与传统的 PC 网站不同，如何优化网站内容，使移动设备从有限的屏幕中可以获取需要的信息就显得非常重要。

(a)   (b)

图 1-11 淘宝与京东的移动 Web 网站页面效果

2. 涉及技术

搭建移动 Web 网站涉及多方面的专业技术，具体如图 1-12 所示。

图 1-12 搭建 Web 网站所需的专业技术

- **HTML5**：万维网的核心语言、标准通用标记语言下的一个应用——超文本标记语言（HTML）的第五次重大修改。HTML 是超文本标记语言，"超文本"就是指页面内可以包含图片、链接，甚至音乐、程序等非文本元素。

- **CSS3**：CSS 即层叠样式表（Cascading StyleSheet）。**CSS 3 是 CSS** 技术的升级版本，CSS3 语言开发是朝着模块化发展的。在网页制作时采用层叠样式表技术，可以有效地对页面的布局、字体、颜色、背景和其他效果实现更加精确的控制。

- **JavaScript**：一种直译式脚本语言，是一种动态类型、弱类型、基于原型的语言，JavaScript 广泛用于客户端，可以为 HTML 网页增加动态的交互功能。

- **Jquery**：Jquery 顾名思义就是 JavaScript 和查询（Query），即是辅助 JavaScript 开发的库。

- **数据库**：数据库（Database）是按照数据结构来组织、存储和管理数据的仓库，对移动电子商务而言，数据库非常重要，可以收集用户信息、反映交易信息等。

- **PHP、JSP**：PHP 是一种通用开源脚本语言。语法吸收了 C 语言、Java 和 Perl

的特点，利于学习，使用广泛，主要适用于 Web 开发领域。JSP 是在传统的网页 html 文件中插入 Java 程序段和 JSP 标记，从而形成 JSP 文件。用 JSP 开发的 Web 应用是跨平台的，可以在多种操作系统平台上运行。

- **平面设计**：以"视觉"作为沟通和表现的方式，通过多种方式来创造和结合符号、图片和文字，借此做出用来传达想法或信息的视觉表现。移动 Web 网站中平面设计的专业知识主要用于布局和美化。

3．制作流程

移动 Web 网站的制作流程主要涉及需求分析、总体设计、软件架构设计、页面设计、网站整合、网站调试、网站上线等几个重要环节，如图 1-13 所示。

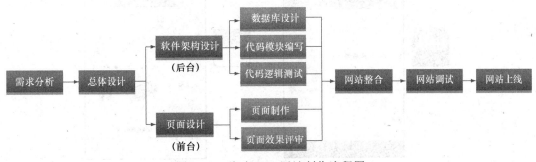

图 1-13　移动 Web 网站制作流程图

- **需求分析**：对要解决的问题进行详细分析，弄清楚问题的要求。就移动 Web 网站而言，则需要分析目前网站制作的受众人群和服务功能。
- **总体设计**：按需求分析的结果，对网站的后台、数据库、前台进行总体分析和设计，建立总体框架。
- **软件架构设计**：即网站后台设计，包括数据库设计、代码模块编写、代码逻辑测试等，以保证网站能够正常在移动终端上使用。
- **页面设计**：即网站前台设计，包括页面制作、页面效果评审等，是网站最终呈现到移动终端上的效果。
- **网站整合**：完成后台、数据库、前台的设计制作后，就需要将各部分整合到一起，为网站的调试做准备。
- **网站调试**：对制作的网站各功能进行调试，并在各种不同的操作系统，如 iOS 操作系统、Android 操作系统上运行，保证网站不会发生错误。
- **网站上线**：确保网站建设成功后，即可将网站联接到互联网，供用户访问使用。

1.4.3　移动 APP 网店

相对于移动 Web 网站而言，移动 APP 网店的访问速度更加迅捷，因为这类平台是将开发的应用程序下载到手机上使用，这在一定程度上减小了服务器的负担，相当于将一部分工作交给手机等移动终端来完成。

1. 案例

一些实力雄厚的电子商务企业会专门开发 APP 网店平台。用户只要将该应用程序下载到手机并安装后，桌面上便会生成快捷启动图标，利用该图标即可快速访问对应的网店。图 1-14 所示为京东和苏宁易购的 APP 图标和对应的平台内容。

(a)   (b)

图 1-14 　京东和苏宁易购的 APP 图标和平台效果

2. 涉及技术

搭建移动 APP 网店需要的专业技术具体如图 1-15 所示，其中 C++、Java、UED 等技术是 APP 网店搭建所需的特有技术。

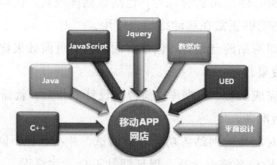

图 1-15 　搭建 APP 网店所需的专业技术

- **C++**：在 C 语言的基础上开发的一种通用编程语言，支持多种编程范式，其编程领域广，常用于系统开发、引擎开发等应用领域，是至今为止最受用最强大的编程语言之一。
- **Java**：是一种可以撰写跨平台应用软件的面向对象的程序设计语言。Java 技术

14

具有卓越的通用性、高效性、平台移植性和安全性，广泛应用于 PC、数据中心、游戏控制台、科学超级计算机、移动电话和互联网等领域，同时拥有全球最大的开发者专业社群。

- **UED**：全称为 User Experience Design，即用户体验设计。UED 是进行产品策划的主力之一，能够用互联网知识来设计出行业专家想实现的操作，而付诸以商业营销。

1.4.4　搭建移动电子商务平台的方法

根据个人和企业的不同需求，移动电子商务平台的搭建方法也有多种选择，如直接找其他公司制作、自己组建团队制作、利用其他企业的第三方平台搭建等。

1．找相关的公司来制作

利用百度搜索引擎可以非常便捷地搜索"移动电子商务网站"或"移动电子商务 APP 开发"的相关内容，从中就可以对比所需的公司，然后选择适合自己要求的对象，让其进行制作，并给对方支付开发费用，如图 1-16 所示。

图 1-16　利用百度搜索相关公司

使用这种方法选择建站公司时，需要注意以下几点。

- 找行业内知名企业或团队来做，不建议找个人来做。
- 签定正规合同。
- 开发过程中要不断地沟通。
- 开发完成后索取源程序。
- 合同中说明售后服务期限。

2．组建团队自己开发

如果自身拥有一定的经济基础和人才资源，就可以考虑自行组建团队进行电子商务平台的开发。组建团队时，应根据电子商务平台的开发流程设立几个项目岗位，主要包括项目主管、前台美工、后台程序员、交互设计师等。

- **项目主管**：负责整个项目的管理，如项目进度控制、资源分配、质量监管等。
- **前台美工**：负责网站前台的开发，如网页设计、内容布局等。
- **后台程序员**：负责数据库和各种代码的编写与开发。
- **交互设计师**：负责将一些具有交互功能的对象开发到网站中，使网站中的一些内容具备动态交互的功能。

3. 用第三方平台来搭建

第三方平台是某些企业为需要快速搭建电子商务平台，且对功能要求和界面要求相对不是很高的用户制定的。使用第三方平台进行搭建，不仅成本小、速度快，而且搭建难度不大，网站功能也较为完善。下面介绍几种常见的第三方平台。

- **百度 Site APP**：为开发者提供从生成 WebAPP 到流量、用户的引入，再到变现的综合服务平台，是国内首家的 WebAPP 在线生成服务平台。通过百度云 OS 平台的结构化站点处理能力，为开发者最低限度降低 WebAPP 制作成本，可以直接通过平台操作，轻松实现 WebAPP 在线效果定制及生成，无需任何线下开发成本，且永久免费。
- **搜狐快站**：搜狐推出的一款可视化快速建站工具，利用该工具可通过在线的可视化页面编辑器简单生成自己的移动端站点。使用此款建站工具无需技术基础，不仅能帮助站长拥有自己的移动站点和 APP，更能给巨头带来更多的移动端入口资源。其搭建优点包括：无需技术、模板多样、功能组件多、HTML5 技术、一键生成等。
- **Shopex 程序**：国内市场占有率最高的网店软件，也是国内持续研发时间最久的网店软件，不仅可以针对移动端搭建网站，更可以针对 PC 端进行搭建，目前该程序又与时俱进地推出了移动商城、微信商城等特殊建站功能。图 1-17 所示即为该程序搭建的电子商务平台。
- **有赞**：帮助商家在微信上搭建微信商城的平台，提供店铺、商品、订单、物流、消息和客户的管理模块，同时还提供丰富的营销应用和活动插件。图 1-18 所示即为该程序搭建的电子商务平台。

图 1-17　利用 Shopex 搭建的电子商务平台

图 1-18　利用有赞搭建的电子商务平台

1.5　移动电子商务的发展趋势

移动电子商务的发展前景如何？在发展过程中有什么制约因素？本节将对这两个

问题进行讲解，从而了解移动电子商务的发展趋势。

1.5.1　移动电子商务发展的前景

工信部的统计数据显示，截至 2014 年 5 月底，中国的手机用户数量已达到 12.56 亿人，比 2013 年同期增长了 7.82%，相当于 90.8% 的中国人都在使用手机。报道称，在所有使用手机的人中，所有使用手机上网的用户数量为 8.57 亿人（占比 68.24%），使用 3G 网络的用户有 4.64 亿人（占比 36.94%）。另外，截至 2014 年 5 月底，我国共有约 2.6 亿固定电话注册用户。图 1-19 所示显示了从 2013 年 12 月到 2014 年 6 月，半年时间内我国使用计算机进行网络购物和使用手机进行网络购物的用户规模和使用率，从中可以看出移动电子商务的发展前景十分良好。

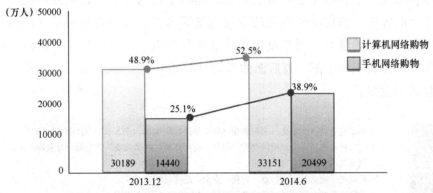

图 1-19　计算机网络购物与手机网络购物的增长率对比

1.5.2　影响移动电子商务发展的三大因素

近年来，移动互联网发展迅猛，移动化商务成为未来企业商务模式的发展趋势。以苹果、安卓为代表的新一代移动终端呈爆发态势增长，使得移动互联网迎来"井喷"。要想使移动电子商务能更加正确和快速地发展，就应该明确影响移动电子商务发展的三大因素，使其成为移动电子商务发展的动力，而不要成为发展的制约要素。

影响移动电子商务发展的三大因素分别是移动网络、移动终端和电子商务平台，它们也是构成移动电子商务最主要的内容。

- **移动网络**：移动网络在移动电子商务中扮演的是"桥梁"的角色，无论移动终端设备如何发达，电子商务平台如何完善，如果移动网络没有发展，进行移动电子商务活动也显得异常费力，比如访问一个商品无法马上显示内容，在某个稍微偏远的地区无法连接网络等，都会制约移动电子商务的进一步发展。

- **移动终端**：移动终端是移动电子商务的工具，该客户端科技水平的发展，直接影响移动电子商务的普及和推广，使用方便、灵活、快速、安全，价格低廉，这些可以使移动终端得到更多用户的青睐，也能更加轻松简便地进行各种移动电子商务活动。

- **电子商务平台**：电子商务平台的易用性、安全性是其最为主要的特性，如果电子商务平台的安全性没有保障，或者使用起来较为烦琐复杂，则进行移动电子商务活动的用户数量肯定不能有效增加，从而影响移动电子商务的发展。

⚡ 本章小结

本章详细介绍了移动电子商务的概念、建站平台的分类、建站发展历程、搭建电子商务平台的方法、移动电子商务的发展前景等内容。这些内容都是基础内容，读者通过这些相关知识的学习，对移动电子商务和移动电子商务平台的基本概念和相关理论有一定程度的认识和了解，为后面的学习打下基础。图1-20所示为本章主要内容的梳理和总结示意图。

移动电子商务概述	• 移动电子商务的定义：利用移动终端设备进行的B2B、B2C、C2C及O2O等电子商务 • 构成移动电子商务环境的要素：用户、使用环境、移动设备、浏览器、互联网接入、网站结构和内容 • 移动电子商务的三大特点：方便、安全、迅速灵活 • 移动电子商务与传统电子商务的区别：5个相同点、4个不同点
移动电子商务建站平台分类	• 按内容表现形式：Web类、APP类 • 按技术架构分类：基于浏览器的Web网站、基于应用的APP网店 • 按交易类型分类：网购类、二手交易类、移动支付类、购物分享类、团购类、比价/折扣/查询类
移动电子商务建站发展历程	• 移动电子商务的技术支撑：Wap、移动IP、蓝牙、GPRS、移动定位系统、3G • 通信技术发展历史：1G→2G→3G→4G
移动电子商务平台搭建方法	• 移动电子商务平台的构成和特点：参考移动电子环境要素和特点 • 移动Web网站：了解涉及的专业技术和大致制作流程 • 移动APP网店：了解涉及的专业技术 • 搭建电子商务平台的方法：找相关公司制作、自行组建团队开发、利用第三方平台搭建
移动电子商务发展趋势	• 移动电子商务的发展前景：了解相关发展前景的内容 • 影响移动电子商务发展的三大因素，即移动网络、移动终端、电子商务平台

图1-20　移动电子商务平台搭建相关概念的总结

课后练习题

1．单项选择题

（1）移动电子商务是指通过（　　　）进行的 B2B、B2C 或 C2C 等电子商务活动。

  A．手机   B．掌上电脑

  C．无线终端   D．笔记本电脑

（2）在移动电子环境下，手机不具备（　　　）功能。

  A．通信工具   B．POS 机

  C．ATM 机   D．交通工具

（3）碎片化应用模式属于（　　　）特征。

  A．移动电子商务   B．传统电子商务

  C．传统商务   D．以上都是

（4）下列选项中，代表无线应用协议的缩写的单词是（　　　）。

  A．HTML   B．Wap   C．GSM   D．GPRS

（5）下列无线技术中，可以视为"2.5G"的是（　　　）。

  A．GPS   B．GPRS   C．CDMA   D．WCDMA

（6）下列选项中，不是移动 Web 网站所需技术的是（　　　）。

  A．UED   B．JavaScript   C．Jquery   D．数据库

（7）百度 Site APP、搜狐快站等属于（　　　）。

  A．APP

  B．移动 Web 网站

  C．搭建移动电子商务平台的第三方平台

  D．以上均不是

（8）下列选项中，不属于影响移动电子商务发展因素的是（　　　）。

  A．移动网络   B．移动终端   C．电子商务平台   D．以上均不是

2．多项选择题

（1）下列选项中，属于构成移动电子商务环境要素的是（　　　）。

  A．用户   B．移动设备   C．时间   D．浏览器

（2）按内容表现形式分类，可将移动电子商务建站平台分为（　　　）两类。

  A．基于浏览器的 Web 网站   B．Web 类

  C．APP 类   D．基于应用的 APP 的网店

（3）下列选项中，属于某类移动电子商务建站平台的是（　　　）。

  A．团购网站   B．支付网站   C．查询网站   D．购物网站

（4）目前移动 IP 技术的版本有（　　　）。

    A．Mobile IPv3　　B．Mobile IPv4　　C．Mobile IPv5　　D．Mobile IPv6

（5）搭建移动 APP 网店时，需要具备的专业技术包括（　　　）。

    A．C++　　　　　　B．Java　　　　　　C．JavaScript　　D．CSS3

（6）搭建移动电子商务平台时，可以选择的搭建方法有（　　　）。

    A．利用搜索引擎找相关的公司来制作

    B．招聘人员组建团队自行搭建

    C．个人自行开发

    D．利用某企业的第三方平台搭建

（7）某企业自行开发移动电子商务平台时，需要设立的岗位包括（　　　）。

    A．项目主管　　　B．前台美工　　　C．后台程序员　　D．交互设计师

3．判断题

（1）广义的商务就是俗称的买卖，电子商务则是基于在电子设备上进行的各种买卖。　　　　　　　　　　　　　　　　　　　　　　　　　　　　　（　　　）

（2）移动电子商务和传统电子商务都必须依赖于互联网，不同之处在于前者是无线联网，后者是有线联网。　　　　　　　　　　　　　　　　　　　（　　　）

（3）无论是移动电子商务还是传统电子商务，其病毒传播特性都容易导致用户的设备感染计算机病毒。　　　　　　　　　　　　　　　　　　　　　（　　　）

（4）蓝牙是一种无线通信技术，但其通信距离非常有限，且不支持多个设备的连接。　　　　　　　　　　　　　　　　　　　　　　　　　　　　　（　　　）

（5）AMPS 大哥大通信时代只能进行语音通话，无法进行数据接收，可视其为 1G 通信时代。　　　　　　　　　　　　　　　　　　　　　　　　　（　　　）

（6）搭建电子商务平台时，网站页面设计属于网站的前台设计范畴。　（　　　）

4．案例阅读与思考题

春雨医生——您的移动健康医生

春雨医生是国内第一家从事移动健康的公司。2011 年 11 月，春雨医生正式上线。上线之初，春雨医生主要有症状自查和咨询医生两块业务。2013 年 10 月，春雨推出病患自查的智能搜索引擎。2014 年 1 月，春雨推出"会员制"，开始试水付费制。2014 年 4 月，春雨"空中诊所"服务上线，用来支持医生在春雨平台上开设诊所。

各医院的医生在春雨上注册的人数：仅有 1 位医生注册的医院有 1690 家，有 2 位医生注册的医院数量有 593 家，有 5～10 位医生的医院数量为 420 家，10～20 位医生的医院有 358 家，超过 100 位医生的医院仅有 8 家。这 8 家医院分别为阜外心血管医院（324 名医生）、福建省立医院（132 名医生）、新疆自治区人民医院（119 名医生）、

武警总医院（118名）、河南省人民医院（107名）、潍坊医学院附属医院（106名）、潍坊市第二人民医院（104名）、郑州大学第一附属医院（102名）。

春雨医生上医生的收入分为两部分，一部分为医生回答用户免费咨询所获得的收入，该部分收入由春雨医生支付，按照一条回复春雨支付给医生一定金额来统一计算；第二部分是空中医院的医生自我定价部分，该部分设定为医生获得全部的收入由用户支付，不考虑定价折扣、春雨分成等因素。

结合上述案例资料，思考下列问题。

（1）按交易类型分类，上述案例中的移动电子商务业务属于哪种类型？

（2）构成移动电子商务环境有哪些要素？

（3）移动电子商务与传统的知识的区别在哪里？

（4）搭建移动电子商务平台的方法大致有哪些？各需要哪些基本的技术支持？

（5）移动电子商务的发展前景如何？

第2章
移动电子商务建站岗位的基本要求

📖 学习目标与要求

　　了解移动电子商务建站人员的岗位职责及在职场的就业、发展状况，包括移动电子商务建站人员的岗位概况、岗位的细分、就业发展方向等。通过学习熟悉移动电子商务建站岗位的各方面知识和基本的要求。

【学习重点】

- 移动电子商务建站岗位的工作职责
- 移动电子商务建站岗位的工作内容

【学习难点】

- 网站技术的发展

🔍 【案例导入】

人才对移动电子商务项目成功的重要性

　　网上流行互联网项目的各种失败的方法，那都是针对项目负责人说的。而对于项目的联合创始人而言，在这个项目中的失败只有一种：无名淘汰。除了像阿里、腾讯这样的超大型上市公司的联合创始人名声在外，其他各种小公司都是 CEO 或最初的项目负责人出名，其他人基本是作为绿叶衬托的。如果项目失败了，那么项目负责人或许还能被更多投资人知道，而那些非负责人的创业者就这样默默无闻了。所以对于小公司的联合创始人，跟对负责人很重要。

　　某移动电子商务创业者认为：一个项目由于人的因素失败和由于资金的因素失败效果是不一样的。如果因为人不行这个项目失败了，那么对于合伙人而言顶多仅能从中学到一些过程性的东西，比如项目怎么做起来，怎么应对问题等，却不能学到思维和价值观的东西；而如果一个团队战斗力十足，即使由于没资金致使项目失败，合伙人出去往往能被其他企业接受。

该创业者觉得他的项目负责人总体上存在这么几个问题：对项目的目标不清楚，没有产品核心价值观，想法就是赚钱；商业计划书写不出来；没有吸引资金，稳定军心；没有挖人才来扩充实力；团队管理能力差，没有形成凝聚力；虚荣心膨胀，后期借着公司的名声去跟其他老板拼酒桌文化；不踏实，躲在自己的办公室，不知道在做什么，对实际问题无法做出高效的服众决定。

另外该创业者觉得团队也非常重要。没有互联网经验不要紧，但没有具有互联网理念的思维方式，没有类似于用户为中心、体验为王、病毒营销、追求极致之美、头脑风暴等互联网的基本思维方式，也就是没有互联网创业的基因了。他的团队的人员角色能力不足，自始至终只有他一个人在开发。除了技术之外，市场、运营也都没有人才来做，6 个人的团队，真正满足角色能力需要的不到一半。整个团队的合作能力欠佳，由于理念和个性的不同，经常无法相互理解，或者盲目自大，合作上远不及理想的默契。

总之，整个团队不具备一起工作和创业的最基本因素，无法形成士气，这些都是该创业者认为他们的项目最终会失败的原因。

启示：移动电子商务创业需要有特殊的基因，它不单单是需要有雄厚的资金支持，项目本身的产品、运营、赢利模式，团队成员是否能够把项目带向成功，项目负责人是否具备领袖气质等，都是移动电子商务成功的关键因素。

2.1　移动电子商务建站岗位的概况

由于互联网技术和无线通信技术的飞速发展，移动电子商务也在前所未有的向前进步，对移动电子商务平台的需求也日益增加。该平台的建立，涉及岗位的分配和人员的使用。在建立移动电子商务网站时，客户对网站的需求、需要的互联网新技术、移动电子商务建站行业的概括等，就是本节将要详细讨论的内容。

2.1.1　不同时期对网站的需求

由于移动电子商务自身的各种优越性，其普及程度和影响力在用户中越来越大，各行各业都在布局移动互联网，因此移动电子商务建站的市场需求量是很大的。然而对于不同的客户，或者同一客户在互联网技术发展的不同时期，都会对移动电子商务网站有不同的建站需求。

当互联网刚刚兴起并不普及时，各公司企业都是进行线下交易，这种背景下往往都不需要或不理解网站对企业营销的帮助。随着网络的不断发展及企业拓展业务的需要，此时各行各业往往都会建立自己的网站，以帮助宣传和推广。接着当有了属于自己的网站后，会进一步对网站进行优化和升级，使网站最大限度发挥营销宣传的作用。此后随着移动互联网的兴起与发展，一些公司和企业不满足于 PC 网站，而会主动迎合移动设备的普及，积极建立手机网站。随着目前移动电子商务的大力发展与普及，普通手机网站也满足不了需求，此时的各个公司企业都会力争在手机网站上开发电子商务交易功能，最终实现移动电子商务业务的发展，如图 2-1 所示。

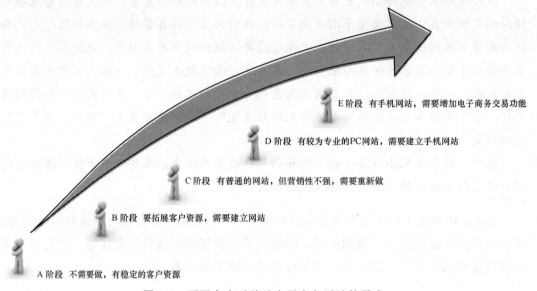

图 2-1　不同客户对移动电子商务网站的需求

2.1.2　网站技术的发展

移动电子商务平台的建立，离不开网站技术的发展。从互联网出现至今，网站技术也经历了几次大的变革，从最开始的静态网站，发展为有程序支持的网站，接着经历了 Web 2.0 网站的阶段，然后发展到可以建立在手机中的网站。

1．静态网站

静态网站是指全部由 HTML 代码格式页面组成的网站，所有的内容均包含在网页文件中，网站主要是静态化的页面和代码组成，一般以 HTM、HTML、SHTML 等文件名为后缀。静态网站非常简单，最主要的技术支持就是 HTML，创建的网页一经发布到服务器上，无论是否被访问，都是一个独立存在的文件。

静态网站的优缺点分别如下。

- **优点**：静态网站的内容相对稳定，不含特殊代码，因此容易被搜索引擎检索。同时，静态网站由于不需要通过数据库工作，所以页面的访问速度较快。
- **缺点**：静态网站没有数据库的支持，在网站制作和维护方面工作量较大。如需要更新网站内容时，需要将所有的内容下载到本地计算机，逐步修改后再重新上传到服务器。

> 提示：静态网站不是指网站的内容都是静态的（静态网站中可以包含 GIF 动画、Flash 动画、滚动字幕等动态内容），而是指访问者只能浏览，无法进行注册、留言等交互性操作。

2．有程序支持的网站

在静态网站的基础上，结合新开发的各种网站技术，如 ASP、PHP、JSP、.net、数据库等，创建了有程序支持的网站，这类网站不仅易于建设、更新和维护，同时具备各种交互功能，如注册、登录、留言等，使访问者可以更加主动地与网站进行交互活动。

3．Web2.0 网站

Web2.0 是相对于 Web1.0 而言的，指的是一个利用 Web 的平台，由用户主导而生成的内容互联网产品模式，为了区别传统的由网站雇员主导生成的内容而定义为第二代互联网。Web2.0 网站的建设涉及更多的技术，如 ASP、PHP、JSP、.net、Ajax、XHTML、CSS、数据库等，这类网站的特点如下。

- 与 Web1.0 网站单向信息发布的模式不同，Web2.0 网站的内容通常是用户发布的，使得用户既是网站内容的浏览者也是网站内容的制造者，这也就意味着 Web2.0 网站为用户提供了更多参与的机会，如博客网站就是典型的用户创造内容的指导思想，而 Tag 技术（用户设置标签）将传统网站中的信息分类工作直接交给用户来完成。
- Web2.0 更加注重交互性，不仅用户在发布内容过程中实现与网络服务器之间交互，而且也实现了同一网站不同用户之间的交互，以及不同网站之间信息的交互。
- Web 标准是国际上正在推广的网站标准，通常所说的 Web 标准一般是指网站建设采用基于 XHTML 语言的网站设计语言，实际上，Web 标准中典型的应用模式是"CSS+XHTML"，其优点之一是网站设计代码规范，减少了大量代码，减少网络带宽资源浪费，加快了网站访问速度，符合 Web 标准的网站对于用户和搜索引擎更加友好。

> 提示：Web1.0 即第一代互联网，其特征表现在技术创新主导模式、基于点击流量的盈利共通点、门户合流、明晰的主营兼营产业结构、动态网站等方面。

4．手机网站

手机网站是指用 WML（无线标记语言）编写的专门用于手机浏览的网站，通常以文字信息和简单的图片信息为主。随着向手机智能化方向发展，安装了操作系统和浏览器的手机功能和计算机非常相似，使用这种手机可以通过 GPRS 上网浏览几乎所有的网站，无论该网站是不是专门的 Wap 网站，此外还可以安装专门为手机设计的程序，如手机炒股、QQ、MSN 等。手机网站涉及的技术主要包括 HTML5，CSS3，Jquery Mobile 等，随着手机用户日益增多，手机网站已经不仅仅局限于 Wap 了，其表现形式基本已经接近互联网电脑站点，它的普及率也会越来越广泛，真正体现了方便、安全、快速等作用和效果。

2.1.3　建站行业概述

随着移动互联网的发展及移动电子商务的普及，移动电子商务建站行业也在蓬勃发展，下面就来了解建站行业的发展前景和人才需求等相关知识。

1．建站行业发展前景

近年来，移动互联网已经渗透到各个行业领域内，各行各业涌现出实体店与线上平台相结合的发展趋势，大到品牌公司，小到日用百货，几乎所有的行业都投入到网络上来了，其应运而生的网站公司也越来越多，建设业务随之一直呈快速上升势头，行业市场越来越大。就国内情况而言，沿海发达省市比中西部省市市场需求要大，业务普及工作也更到位，许多行业形成了竞相建设企业网站，开展网络营销的局面。新技术的应用将促使企业网站建设更具魅力。

随着技术融合与发展，许多在其他行业热门应用的技术，如视频、三维动画、虚拟现实等技术都已经实现向互联网上移植。新的网络编程语言（.net 技术）和服务器 CDN（内容发布网络）技术也将使网站结构更紧密，访问更流畅，更能适应新的要求。网络营销服务将同网站建设融为一体，提供一体化服务。企业客户现在已不再满足于做一个网站，而是自己开展网络营销活动，建站公司还要为企业客户制定具有针对性的网络营销策略并实施，让企业网站真正发挥作用，为客户带来实在的效果。这对建站公司提出了更高的要求，网站建设从业者必须要加强自我学习，才能适应这一要求。

个性化的企业网站、面向个人的主题网站等多种形式的企业网站建设服务现在已经初露端倪，企业网站建设服务将成为新的业务增长点。与此同时网络上的一系列的针对企业的服务也在不停完善。

2．建站行业人才需求

随着建站行业的蓬勃发展，一方面建站行业对人才的需求量越来越大，建站行业涉及大量的工作岗位，从总揽全局的管理型人才，到网页局部编辑的普通人员，对人才的数量有迫切的需求；另一方面，移动电子商务建站涉及非常多的新兴技术，同时也需要一些原有技术的支持，因此对人才的能力有了更大的要求；建站行业人才往往需要具备大量坚实的专业技术知识，同时掌握多门网站开发技术。除此以外，建站行业人才对市场的判断、对网站营销作用的策划、对网页页面的美化，也正成为建站行业非常看重的能力。

2.2　移动电子商务建站岗位的细分

针对移动电子商务网站的特性和作用，可以在建设这类网站时对岗位进行具体划分，主要包括网站运营经理、网站设计师、网站开发、网站编辑、网站推广等。只有各个岗位团结一致、精诚合作，才能完成一个成功的移动电子商务网站的建设工作。

2.2.1　网站运营经理

各行各业都经历着从传统营销到网络营销的巨大转变，然而能够掌握运营技术，可以帮助网站取得效益的网站运营经理实在是凤毛麟角。即便在运营良好的网站当中，真正系统学习和研究网站运营技术的人才也为数不多，他们更多的是靠摸索积累经验，对网站的认识缺乏系统性的认识，缺乏理论指导。在如此众多的网站应运而生的情况下，一定会对网站运营经理产生巨大的需求。

网站运营经理负责网站的整体规划、构建，管理网站频道及合作资源的整合，参与市场行为的策划，是移动电子商务建站岗位中权利最大、责任最大的一个岗位。

1．工作内容

网站运营经理的具体工作内容如下。

- 负责网站的整体规划、构建，管理网站频道及合作资源的整合，参与市场行为的策划。
- 负责网站的建设及定期的维护与更新。
- 负责客户的开发。
- 设计网站运营维护的标准化运作流程，提高页面浏览率，提高网站知名度。
- 制定工作计划，监督、指导团队进行工作，实现高效率运作。
- 参与宣传活动主题策划，撰写文档。

2．职业要求

网站运营经理的职业要求如下。

- **教育培训**：计算机或相关专业，本科及以上学历。
- **工作经验**：具备主持并参与网站运营 2 年以上的工作经验，具有网站开发的相关工作经验。

- **其他要求**：拥有创新和较强的团队合作精神；熟悉企业的管理模式，善于组织、沟通，拥有较强的执行能力；拥有广泛的业界合作资源和人脉资源，包括媒体、品牌厂商、商户、网站等；具备良好的客户导向、逆境商数（抗压能力）、规划能力、成就动机、商业敏感性。

3．职业潜力

网站运营经理这一职业具有很大的潜力，其地位和待遇都高于单方面负责市场、技术和业务发展的职业，是具有高效执行力的直接管理者。具体负责公司业务的运营高级经理是贯彻企业战略的核心管理人员。

4．岗位职责

网站运营经理的岗位职责如下。

- 通过市场调研、顾客需求分析、竞争分析，公司产品服务定位等确定网站定位。
- 制定网站短、中、长期发展计划，并执行与监督。
- 能够完成网站运营团队的建设和管理，实现网站战略目标、流量的提升与盈利。
- 熟悉网络营销常用方法，把电子商务全程运营落实到实处。
- 负责网站相关文档（帮助、FAQ 等）的组织与撰写。
- 负责用户管理与分析，处理相应业务的投诉并进行反馈。

2.2.2 网站设计师

网站设计师在网络行业常被称为网站美工或网站设计。工作范围在分工细化的公司或团队介于网站策划与网站制作之间，在部分公司或团队，网站设计师身兼网站设计与网站制作两个职能。网站设计师在团队合作中属于中间环节，是指使用标识语言通过一系列设计、建模和执行的过程将电子格式的信息通过互联网传输，最终以图形用户界面的形式被用户所浏览。

1．岗位职责

网站设计师的岗位职责如下。

- 负责对网站整体表现风格的定位，以及对用户视觉感受的整体把握。
- 进行网页的具体设计制作。
- 产品目录的平面设计。
- 各类活动的广告设计。
- 协助开发人员页面设计等。

2．任职要求

网站设计师是与网站开发直接相关的岗位之一，此岗位的任职要求如下。

- 能熟练应用 Flash、Dreamweaver、Photoshop、CSS+Div、XML+XSL（不包括程序）等编辑网页。
- 熟悉 Photoshop、CorelDRAW 等图形设计、制作软件，熟悉 HTML、ASP 语言。
- 具备一定的视觉传达设计功底，擅长广告创意、设计等在网络广告和传统媒体广告上的应用。
- 对网站建设、VI 的设计及应用有一定的经验，具有沟通合作精神，有创造力。
- 熟悉 JavaScript，能够了解 JSP、servlet、PHP，能够独立完成动态网页。
- 了解网站程序实现原理，有与程序员配合的经验。

3．职业发展

网站设计师可以在专门的为企业建站的网络公司工作，为公司客户设计网站；也可以就职于有自己网站的大型公司，专职为公司网站进行设计。从分布上来讲，各行各业中的公司，都需要网站设计师，这其中更集中分布在以网站进行盈利的互联网公司。因此网站设计师的就业范围是非常广泛的。网站设计师的月薪大概在 5000~8000 元。

2.2.3　网站开发

网站开发工程师是指懂得网页的设计和制作、网站后台的编程开发、数据库的管理、综合性网页规则、页面整体排版、图片美工及网站程序的优化和运用的人员。

1．岗位职责

网站开发工程师的薪金待遇为 6000 元～12000 元/月，其岗位职责如下。
- 负责网站前端、后台的设计开发和新功能、核心功能的设计开发。
- 设计改善网站架构，使可用性、扩展性达到最优化。
- 根据网站系统或功能需求，完成功能或系统的分析、设计、编码等工作。
- 负责网站系统维护、调试等工作。

2．任职要求

网站开发工程师是网站正确运行的保障，此岗位的任职要求如下。
- 精通 ASP、PHP、JSP 等开发语言的一种，能够独立开发后台。
- 精通 SQL Server、Access，能够独立完成数据库的开发。
- 精通 Ajax、Div+CSS、HTML、Jquery 等相关 Web 技术。
- 熟练掌握 Windows、Linux、UNIX 其中一种操作系统。
- 熟悉网站的管理、设计规划、前台制作、后台程序制作与数据库管理流程技术。

2.2.4　网站编辑

网站编辑是网站内容的设计师和建设者，通过网络对信息进行收集、分类、编辑、审核，然后在网络上向世界范围的网民进行发布，并且通过网络从网民那里接收反馈信息，产生互动。

1．职业细分

网站编辑可分为新闻编辑和论坛编辑等细分岗位，各岗位作用分别如下。

- **新闻编辑**：多供职于大型门户网站，类似于传统媒体编辑。
- **论坛编辑**：属于论坛管理人员，所负责的工作离传统意义上的编辑相去甚远。

2．岗位职责

网站编辑与报刊、杂志编辑的工作性质相似，其岗位职责如下。

- 采集素材，进行分类和加工。
- 对稿件内容进行编辑、加工、审核及监控，撰写稿件。
- 有较强的中文功底和文字处理能力，具有一定的网站栏目策划、运营管理知识。
- 具有较强的选题、策划、采编能力、归纳能力。
- 熟悉电脑操作，掌握基本网络知识。

3．职业技能

成为一名合格的网站编辑人员，需要具备以下一些职业技能。

- 文案功底扎实，具有处理新闻标题和策划专题的能力。
- 熟练掌握 HTML、Div+CSS、JavaScript，熟悉 ASP、PHP、JSP 代码。
- 熟练掌握 Photoshop、Dreamweaver、Flash 等图形图像处理软件。
- 具有网页推广经验，了解搜索引擎 SEO 方面的知识。
- 具有良好的团队合作精神和沟通能力，工作责任心强。

4．职业现状

据估算，现有网络编辑人员近 300 万人，传统媒体的编辑记者 75 万人。网络编辑的学科背景有了显著的变化。2000 年以前，有着计算机学科背景的编辑成为各大网站的主力军，但自 2000 年以后，内容为主的理念被视为网站发展的"圣经"，有着社会科学背景的编辑逐渐占据主流，传统媒体的编辑、记者进入网络大潮。从 2004 年开始，网站人力资源结构也趋向多元化方向发展，既有新闻、计算机的专业人才，也有了涉及中文、法律、财经、历史、外语等专业的人员。

5．薪资行情和求职范围

网站编辑的待遇差别较大，普遍而言的一般月薪范围在 2000～6000 元。初级网站编辑人员的月薪为 2000 元左右，月薪能达到 5000～8000 元的网络编辑较多，高薪的网站编辑人员月薪可上万。

网站编辑的求职范围可以覆盖各大型门户网站和中小型专业网站，其中前者如新浪、腾讯、搜狐等，后者如京东、苏宁易购、当当网等。

2.2.5　网站推广

网站推广就是以国际互联网为基础，利用信息和网络媒体的交互性来辅助并实现营销目标的一种新型的市场营销方式。当前常见的推广方式主要是在各大网站推广服务商中通过购买广告等方式来实现。同时也可以选择将网站推广到国内各大知名网站和搜索引擎的相关网站。

1．岗位职责

网站推广人员的岗位职责如下。

- 制定网站推广计划并负责实施。
- 协助公司开拓网络营销资源和渠道。
- 负责业务需求调研、网站相关营销活动的策划及操作。
- 负责信息发布、网站流量统计分析、广告投放等。
- 定期维护客户关系，促进互动与销售。
- 解决网络营销过程中碰到的各种问题，搜集行业及客户信息，并及时向公司反馈相关情况。

2．电子商务推广专员招聘

网站推广岗位中，初级人员的薪资为 3000～5000 元/月，高级人员的薪资为 5000～8000 元/月。电子商务推广专员是网站推广岗位中具有一定代表性的职位，要想成功应聘需要具备以下能力。

- 负责商城店铺推广，提高店铺点击率和浏览量，达成店铺销售目标。
- 搜集网上竞争产品的动态信息。
- 制定、执行电子商务网站营销推广方案。
- 定期对推广效果进行跟踪、评估，并提交推广效果的统计分析报表，及时提出营销改进措施。
- 在较短时间内熟悉公司产品，并对产品的推广提出具体的营销方案，促进销量。
- 完成领导安排的其他工作。

2.3 移动电子商务建站人员就业发展方向

本节将主要就移动电子商务建站人员的就业发展方向进行介绍，包括建站技术人员在建站行业岗位的就业和发展两方面的内容。

2.3.1 建站技术人员进阶图

图 2-2 所示为移动电子商务建站岗位中，技术人员的岗位进阶示意图，该图简明扼要地显示了技术人员的岗位发展情形。对于刚进入移动电子商务建站行业的技术人员而言，普遍都是从网站编辑和网站开发的岗位做起，一方面可以锻炼和提升自己的技术水平，另一方面可以积累重要的工作经验。当具备了一定的水平和经验后，便有机会提升为技术主管，网站建设中某一部分的技术管理工作，不仅需要有扎实的专业技术水平，还可以锤炼并获得与管理工作相关的经验与能力。在此基础上，还有可能继续向上提升，成为网站建设的技术总监，甚至是项目经理，全权负责整个网站建设的技术工作和其他工作。

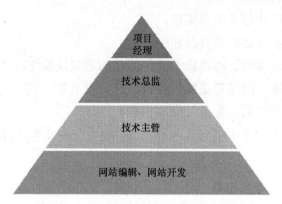

图 2-2 建站技术人员岗位进阶示意图

2.3.2 就业发展方向

关于移动电子商务建站人员的就业方向，可以从电子商务服务企业、电子商务企业、传统企业和传统行业几个领域进行分析说明。

1. 电子商务服务企业

电子商务服务企业是伴随电子商务的发展，基于信息技术衍生出的为电子商务活动提供服务的各行业的集合，是构成电子商务系统的一个重要组成部分和一种新兴服务行业体系，是促进电子商务应用基础和促进电子商务创新和发展的重要支撑性基础力量。

电子商务服务企业包括硬件（研发、生产、销售、集成）、软件（研发、销售、实施）、咨询等行业。随着电子商务应用的普及，相关的硬件、软件开发和销售对专业人员的需求是确定的，不过这种需求可能是显性的，也可能是隐性的。在显性情况下，用人单位会明确招聘懂得电子商务的专业人才；在隐性情况下，用人单位人力资源部面对市场客户的电子商务需求并不一定明确知道招聘到电子商务专业背景的人才正好适用，而只能让计算机等相关学科背景的人勉强应付，或要求其补充学习电子商务知识。

2．电子商务企业

电子商务企业是以信息网络技术为手段，以商品交换为中心进行商务活动的企业，也可理解为在互联网、企业内部网和增值网上以电子交易方式进行交易活动和相关服务活动的企业。

对这样的企业而言，无论是纯粹专业的电子商务企业还是和其他主业结合开辟的全新的运营模式，电子商务专业人才都是最合适的。

3．传统企业

对于传统企业而言，电子商务意味着新增的运营工具（比如企业网站）。运行新增的运营工具的人，无非是从使用老运营工具的员工中培养和招聘专业人才。当然培养原来的老员工的工作恐怕还是得内行的专业来进行。因此传统企业也需要相关的专业人才。

4．传统行业

对传统行业而言，电子商务就是新的业务手段。无论贸易、物流、加工行业还是农业等都会使用到电子商务。而单独传统行业进行讲解，目的就在于，如果有志于某一行业，就应该深入了解这个行业的发展状况、发展趋势、新技术、新产品。从专业的角度判断这个行业的电子商务发展水平和发展潜力。当然，要能独立做出这些判断必须要求其专业知识和实践能力达到一定的高度。

📶 本章小结

本章详细介绍了移动电子商务建站岗位基本要求的相关知识，包括移动电子商务建站岗位概括、建站岗位的细分、建站人员就业发展方向等。本章内容主要围绕建站岗位的知识进行全面介绍，目的在于使读者在学习建站技术前，更好地了解该行业的一些基本要求和就业环境。图 2-3 所示为本章主要内容的梳理和总结示意图。

移动电子商务建站岗位概况	• 不同时期对网站的需求：不需要做→需要做→重新做→建立手机网站→增加电子商务功能 • 网站技术的发展：静态网站→有程序支持的网站→Web2.0网站→手机网站 • 建站行业概述：建站行业发展前景较乐观；建站人才需求量较大
移动电子商务建站岗位的细分	• 网站运营经理：负责网站的整体规划、构建，管理网站频道及合作资源的整合 • 网站设计师：使用标识语言将电子格式的信息以图形用户界面的形式被用户所浏览 • 网站开发：懂得网页的设计、制作，网站后台的编程开发，数据库的管理等 • 网站编辑：网站内容的设计师和建设者 • 网站推广：利用信息和网络媒体的交互性来辅助实现营销目标的
移动电商建站人员就业发展方向	• 建站技术人员进阶图：网站编辑、网站开发→技术主管→技术总监→项目经理 • 就业发展方向：电子商务服务企业、电子商务企业、传统企业、传统行业

图 2-3　移动电子商务建站岗位基本要求的总结

课后练习题

1. 单项选择题

（1）建立静态网站最主要的技术是（　　）。

　　A．ASP　　　　　　B．PHP　　　　　　　C．HTML　　　　　　　D．XHTML

（2）Jquery Mobile 属于（　　）的开发技术。

　　A．手机网站　　　　　　　　　　B．有程序支持的网站

　　C．静态网站　　　　　　　　　　D．Web 2.0 网站

（3）使用标识语言通过设计、建模和执行的过程将电子格式的信息以图形用户界面的形式被用户所浏览的岗位是（　　）。

　　A．网站运营经理　　　　　　　　B．网站设计师

　　C．网站编辑　　　　　　　　　　D．网站推广

（4）定期维护客户关系，促进互动与销售的建站岗位是（　　）。

　　A．网站运营经理　　　　　　　　B．网站编辑

　　C．网站开发　　　　　　　　　　D．网站推广

2. 多项选择题

（1）下列网站中，属于 Web2.0 这种网站类型的是（　　）。

　　A．博客网站　　　　　　　　　　B．论坛

　　C．只能浏览的某企业介绍网站　　D．QQ 空间

（2）下列选项中，属于网站运营经理工作内容的是（　　　）。

    A．负责网站相关文档的组织与撰写

    B．负责客户的开发

    C．负责网站的建设以及定期的维护与更新

    D．参与宣传活动主题策划、撰写文档

（3）移动电子商务建站技术人员可能的岗位包括（　　　）。

    A．项目经理　　　B．技术主管　　　C．网站编辑　　　D．网站开发

（4）下列企业中，属于移动电子商务建站人员就业方向的是（　　　）。

    A．电子商务服务企业

    B．电子商务企业

    C．传统企业

    D．传统行业

3．判断题

（1）随着互联网的不断发展，各行各业都有建立自己电子商务网站的意向。（　　）

（2）静态网站的内容相对稳定，其访问速度较快，但不易被搜索引擎检索。（　　）

（3）网站开发人员的工作内容之一是对网站系统进行维护、调试。（　　）

（4）网站编辑主要是对文字进行编辑加工，因此只需要掌握 HTML、Div+CSS、JavaScript 等网页开发技术，不需要熟悉 Photoshop、Dreamweaver、Flash 等图形图像处理软件的使用。（　　）

4．案例阅读与思考题

电商创业就业特征的调查

亿邦动力网从人力资源和社会保障部公布的一份报告中获悉，2012 年中国电商造就的创业岗位中，包含电商创业者、间接就业者等累计制造岗位超过千万。

调查研究显示，电商人才需求旺盛，尤其对电子商务营销、管理、技术和法律人才需求迫切，占比分别高达 81%、34%、34%和 20%。

另一方面报告还指出，电商创业者主要集中在生产性服务业和生活性服务业，尤其以中东部地区和地级以上城市较为密集。而从年龄分布上判断，年轻男性居多，占76.6%。教育背景大学本科学历仅占 19.7%，而高中技校学历则占据 30%左右。

总体而言，目前电商创业就业已呈现出四大特征。

（1）就业方式灵活，弹性大、门槛低，创业成本小、范围广、不受城乡地域限制。

（2）青年、妇女、残疾人等弱势群体皆可从事电商创业就业，体现出一定的公平性。

（3）电商创业就业带动了网销、客服、美工等职业，尤其在软件、物流、支付等

服务岗位上，带动了产业链中生产、加工、包装等行业快速发展。

（4）电商创业就业人群从早期的无序、混乱竞争，逐步过渡到自我约束和自我完善。各类商盟的建立及用户评价体系的确立，让电商从业者可以更加规范地竞争。

研究报告特别提出，商业信任危机是困扰中国商业社会的最大羁绊，而互联网的推动和电商的崛起则顺势成就了新的社会公信平台和信用体系。如淘宝网日均1800万笔交易，促成近3600万素未谋面的买卖双方，达成了高度信任。

分析人士指出，未来阶段，就业政策扶持和实体经济创业扶持将有望向互联网创业，尤其是电子商务创业延伸。因此，有必要适当地放宽经营范围，解决好经营场所问题，特别是针对家庭住所、租借房、临时商业用房等场所进行网上创业；提供资金、信贷支持政策和税费减免政策，拓宽融资渠道，引导社会资金对具有成长潜力的网络创业进行投资，对符合条件的网络创业者提供小额担保贷款、给予税收优惠和社会保险费补贴。

结合上述案例资料，思考下列问题。

（1）移动电子商务领域的整体就业形势如何？

（2）建站人员的就业趋势如何？

（3）建站行业的整体发展前景是怎样的？

（4）岗位对建站人员的要求如何？

（5）建站人员应该怎样提高自身能力和素质来争取更好的岗位？

第3章
移动电子商务应用产品设计

学习目标与要求

了解移动电子商务应用产品设计的流程，以及如何在设计中做产品规划、处理需求、设计概念图、绘制流程图等。同时熟悉移动电子商务网站建设流程，以及如何做好产品设计经理。

【学习重点】

- 怎么做产品规划
- 需求处理的方法
- 需求处理的技巧

【学习难点】

- 产品经理必备的三大能力（概念设计、功能设计、交互设计）

【案例导入】

移动产品经理与 APP 数据

数据是一个移动产品经理每天都要注意的东西，虽说数字也会撒谎，但是在产品设计中，数据常常作为辅助设计决策和与研发沟通的必不可少的东西之一。那么移动产品经理究竟需要跟踪 APP 的哪些数据呢？

在做数据分析之前，对移动产品经理来说，首先要了解在移动互联网领域，需要关注哪些数据。研究发现，不同产品关注的数据数据分为：基本数据、跟产品类别无关的数据和跟产品类别相关的数据。

- **基本数据：** 下载量、激活量、新增用户量、活跃用户。
- **社交类数据：** 用户分布、用户留存。
- **电商类数据：** 淘宝指数、网站流量、内容转换率。

- **地图导航类数据**：用户每日打开次数、地域分布。
- **内容类数据**：内容转化率（内容下载量/内容浏览量）、留存量。
- **工具类数据**：功能点击量、应用商城排名。
- **其他类数据**：竞品数据（下载、激活等）。

关注了大量不同类型的数据后，产品经理又该如何进行分析和挖掘？在进行数据发掘之前首先可以对产品做相应的数据建模，然后经过上线跟踪、分析、对比等一系列工作确保建模正确。

（1）对于启动、留存这些数据，主要看是否异常，发现异常以后再去找寻原因和问题。

（2）平时某个很正常的数据突然变化，应该及时追踪。

（3）对在线用户进行每日跟踪，分析是否呈曲线自然生长，或者出现异常。

（4）对活跃用户的使用频次及有效行为进行跟踪及分析。

启示：移动电子商务的设计需要一个优秀的产品经理来掌控全局。只有这样，才有可能生产出让用户满意的移动产品，并在市场竞争中利于不败之地。而一个优秀的产品经理，则需要其具备各种素质，如基本的技术知识、敏锐的市场眼光、强大的人格魅力等。由此可见，一个优秀的产品经理对于移动电子商务应用产品的设计是多么的重要。

3.1 移动电子商务应用产品设计概述

随着移动互联网的发展，越来越多的 Web 产品开始布局到移动端，移动电子商务应用产品设计也比以往更加受到各移动电子商务企业的关注。总体来看，移动电子商务应用产品的设计都是从基于用户体验的角度出发，如快速进行话费充值、与朋友聊天、外出游玩咨询、就餐地点参考等，好的应用产品设计更会进一步考虑到用户在使用过程中的方方面面。下面将对移动电子商务应用产品设计的基本知识进行介绍，包括对互联网产品设计的认识、移动互联网产品设计的发展趋势，以及互联网产品设计包含哪些内容等。

3.1.1 什么是互联网产品设计

互联网产品是指通过互联网介质为用户提供价值和服务的整套产品体系，而互联网产品设计则主要指通过用户研究和分析进行的整套服务体系和价值体系的设计过程。整个过程基于用户体验思想的设计过程，伴随着互联网产品周期进行一系列产品设计活动。任何移动电子商务产品，都不可避免地会应用到通信技术、互联网技术和移动智能设备相关技术，如图 3-1 所示，因此在进行产品设计时，对设计开发人员具备的能力也提出了更高的要求。

图 3-1　移动电子商务产品需要涉及的对象

3.1.2　移动互联网产品设计发展趋势

随着电子商务的发展，越来越多的潜在消费市场被逐渐挖掘出来。目前，中国手机用户数量庞大（约 12 亿），智能手机占比 51%。多数追求时尚的年轻人都习惯用手机上网聊天、娱乐，消遣时间。这让许多业内人士看到了巨大的商机，移动互联网与电子商务相结合的方式也逐渐为传统企业所推崇。移动电子商务的兴起，由此带来的移动电子商务产品也会层出不穷。总的来看，移动互联网产品设计的发展趋势集中体现在以下几个方面。

- **界面简洁、直观**：就产品在手机上显示的应用图标而言，风格逐渐从立体化向平面化转移，从视觉上表现出元素的简约效果，以便用户可以快速记忆产品；就整体界面而言，设计风格正在向平面化、格子风的设计方向进化，使用户可以清楚整个产品的界面构成和使用方法，达到快速上手的效果。

- **多样的动态效果和交互模式**：动态效果可以提高用户的兴趣，如更加绚丽的翻页效果、切换效果等。各种交互模式，如按键交互、手势交互、语音交互，甚至与智能电视的交互等设计，则可以提升用户的参与度。

- **合理的用户引导**：用户引导的直接目标是帮助用户更好地使用产品，最终目标是提升用户的满意度。由于手机界面的承载能力有限，加之产品功能的不断膨胀，必须要在用户打开应用之后告知其某些功能，引导其完成某些主要任务流程，让用户不至于迷失在陌生的应用中不知所措，甚至不能有效使用一些独特的功能从而造成浪费。

- **完善的手势操作**：手势操作可以替代按钮功能，通过各种不同的手势便可以实现大多数的操作，这一趋势可以让用户更加自主地使用产品。但需要强调的是，手势操作的设计可以越来越全面，但是不能越来越复杂。

3.1.3 互联网产品设计包括的内容

互联网产品设计包括需求调研、需求规划、需求共识等多项内容，具体如下。

- **需求调研**：计划、准备与执行，分析与总结。
- **需求规划**：产品概念假设，导入产品设计思想，产品概念整理，概念测试，产品规划。
- **需求共识**：需求开发计划，需求方案，需求协商与确认。
- **需求管理**：需求层次的标识与分类，需求跟踪与变更管理。
- **信息架构**：信息架构规划，导航系统设计，搜索系统设计。
- **UI 设计**：界面风格设计，UI 规范。
- **原型设计**：可分别设计出低保真和高保真的产品原型，将规划和需求确定化。
- **测试**：原型测试，可用性测试，专家评估。
- **开发**：后期开发和上市工作中相关的设计工作等。
- **迭代**：产品上市，持续获取用户需求，更新迭代产品。

 提示：UI 即 User Interface（用户界面）的简称。UI 设计是指对应用的人机交互、操作逻辑、界面美观的整体设计。

3.2 移动电子商务应用产品设计——规划篇

产品设计时首先都需要对整个产品进行规划，移动电子商务应用产品的设计也不例外。本节将重点介绍如何规划移动电子商务应用产品，包括规划的核心、需求处理的基本方法和使用技巧等内容。

3.2.1 什么是产品规划

任何一款产品，从最初的构思到最终的成型，都会经历产品规划、产品设计、项目研发和运营推广 4 个环节，如图 3-2 所示。从本质上来讲，产品规划就是获取信息、需求分析和做出决策的过程。用一句话来简单概括，就是想清楚要做什么。其中信息是否真实、是否充分、分析是否到位、是否客观等，都会影响到产品规划的质量。

产品规划 ▷ 产品设计 ▷ 项目研发 ▷ 运营推广

图 3-2 产品设计四环节

产品规划是一项复杂的工作，包含多方面的内容，具体如下。

- **市场与行业研究**：产品规划人员研究与产品发展和市场开拓相关的各种信息，包括来自市场、销售渠道和内部的信息；研究用户提出或反馈的需求信息；研究竞争对手；研究产品市场定位；研究产品发展战略等。

- **沟通**：产品规划人员应及时与消费者及公司内部的开发人员、管理人员、产品经理等保持良好的沟通，而且不仅仅在规划阶段，这种沟通要覆盖整个产品生命周期。

- **数据收集与分析**：产品规划工作中最基本也最重要的一项内容就是收集与产品规划相关的各类数据，并对这些数据进行科学的分析。

- **提出产品发展的远景目标**：产品规划工作的基本任务是提出产品发展的远景目标，并通过各种沟通渠道让公司内的相关人员熟悉和理解这个远景目标。

- **建立长期发展规划**：建立长期的产品计划除了提出当前产品的远景目标外，产品规划人员还负责对产品的长期发展规划（如 3～5 年内的发展计划）进行设计和描述。

 提示：产品规划工作具有不受产品开发周期约束的特点。也就是说，产品规划通常会跨越整个产品开发周期，在产品开发周期的每个阶段中，产品规划人员的工作方式并没有明显的不同，需随时了解客户、市场、技术创新等情况，并根据内、外部的各种变化进行调整或完善。

3.2.2　产品规划核心四问

产品规划方案不难做，难的是方案是否具备可衡量性，这就涉及产品规划的核心四问，即"做什么？""有什么价值？""为什么做？""怎么做到？"，如图 3-3 所示。

图 3-3　产品规划核心四问

1．做什么

做什么，是规划的结论。如服务于什么用户，提供什么产品，满足什么需求等。人人都有爱美之心，都希望可以把自己的照片处理得好看一些。但普通用户不会使用专业的图像处理软件，傻瓜式图像处理软件（如美图秀秀）的出现，降低了操作的门槛，满足了这类人的需求。只需要按照向导提示，简单几步操作就能得到媲美专业处理后的效果，使得用户对这类软件有很大的兴趣，提高了用户的参与度与使用黏性。

又比如，城市建设日新月异，不断有新的路线产生和调整，对于出行的人来说，掌握最详细的路线，以最快方式到达目的地是非常重要的。地图产品（如谷歌地图）的出现，就提高了大家决策出行路线的效率。

另外，很多企事业员工工作忙碌，社交圈子狭窄，而传统的婚恋市场操作又不规范，三拖四骗现象普遍。实名制婚恋交友网站（如世纪佳缘）的推出，很好地解决了单身男女渴望幸福的需求。

综上而言，产品规划首先就要明确产品是用来做什么的，使用产品的结果能达到什么目的。只有明确了产品的用途，才能为后面的规划确定一个清晰的目标和前景。

2．有什么价值

在商业社会中，做任何一款产品都得在生产、消费或交易的某个方面体现其经济价值。商业的本质就是盈利，不能盈利的公司肯定是不能长久的。回答产品有什么价值，其实就是要回答做这个事情最核心的经济利益。

通常企业领导和投资方看待一个产品的时候，主要看它可能承载的商业机会。比如，做在线旅游项目时，如果旅行的人根据网站的指点进行了消费，商户将按照客户的消费费用给服务提供者返点。那么这个产品能带来多少盈利是可以通过它的商家拥有量进行预期的。又如做新闻资讯的垂直搜索，仅仅是新闻资讯类的内容，用户的获取成本很低，替代性强，那么就不太会产生付费的群体，商业价值就要受到质疑了。但是如果线路调整一下，让其给企业提供舆情系统，企业是可能支付费用的，那么商业机会自然就应运而生了。

就具体的实际案例来说，yammer.com 是 2008 年 9 月推出的服务于企业客户的社交网站，它的价值在于封闭性的企业微博为企业内部的信息交流提供了便利，并且可防止企业的敏感信息外泄。同时，内部协同办公平台方便了工作的管理、项目团队的协同，是替代企业内部论坛不错的工具。

另外一个案例，foursquare.com 是 2009 年推出的一家基于用户地理位置信息进行服务的网站，更确切地说是场景服务。它的价值在于通过鼓励用户用手机来标注自己所在的位置，积累和分析庞大的节点数据，从而向商家、企业提供精准营销的方案。图 3-4 所示为 Foursquare 的 APP 应用界面效果。

3．为什么做

为什么要做，其实就是产品经理发挥专业优势，分析并发现商机，然后通过一个充分的理由反馈给企业决策人或投资人，支撑他们去决策是否做这件事情。通常这个理由的背后应充分权衡过需求的迫切度、需求的量级、成本收益率、风险性等因素。

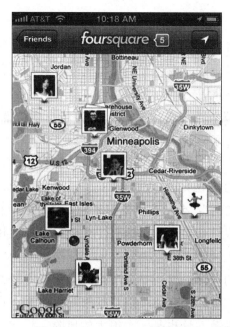

图 3-4　Foursquare 应用的界面

> **提示**：舆情是"舆论情况"的简称，是指在一定的社会空间内，围绕中介性社会事件的发生、发展和变化，作为主体的民众对作为客体的社会管理者、企业、个人及其他各类组织及其政治、社会、道德等方面的取向产生和持有的社会态度。

- **需求的迫切度**：即市场是否对这种需求非常需要。以二维码为例，这是一种可以将网址、文字、照片等信息通过相应的编码算法编译成一个方块条形码图案的方式，当用户需要时，可用手机摄像头将其拍摄下来，并通过解码软件重新解码来查看相关信息的技术。二维码在韩国、日本使用较多，中国的二维码虽推出已久，但由于前几年智能手机并不盛行，而且手机上网的网速有限，用户没有习惯，客观上制约了这种新方式的普及，所以当时做二维码的公司多数都面临着窘境。现在，虽然国内的相关市场仍处于培育期，但随着移动互联网的发展，二维码的应用一定会越来越广，其需求的迫切度也会逐渐高涨。

- **需求的量级**：即对需求有兴趣的用户量。比如做个性化 T 恤网站，用户在线设计图案，等 T 恤生产出来后通过快递发给用户，这类网站的销量一般不大，原因在于虽然人们有个性化需求，但需求不是经常发生，重复购买率上不去。因此需求的量级是一个很重要的衡量标准。

- **成本收益率**：以文中广告为例，它又叫作内文广告，是互联网最新的智能化广告模式。文中广告主要在文章中，以文字链接和触发的方式实现超文本连接，当用户的鼠标移动到网页的某些特定关键字上时，就会弹出相关的广告和信息窗口，引导用户点击广告。从技术上来说，这种匹配文本提供服务的方式要求有极高的技术水平和计算成本，首先得抓取大量的网页，并在服务器端对网页进行匹配分析，之后要将结果保存起来，并在浏览者打开网页后将结果传递给客户端。可是从商业角度来看，采用文中广告的结果是使网页加载变慢，用户体验变差。原来很快可以打开的网页，现在需要用户等待。它实际上是一种以割舍用户体验为导向的方式，希望借助新的广告方式挖掘剩余价值。但触发展示的广告收益和牺牲用户体验带来的成本相比微乎其微，所以最后各媒体纷纷舍弃了这种方式。

- **风险性**：在商业社会中，竞争无处不在，即使抢占先机，也很有可能被后来者居上。如创新工场孵化的豌豆荚较早面市，吸引了众多用户，可腾讯一推出安卓应用助手就抢占了其"半壁江山"；小米手机推出米聊，抢占了手机社交的先机，腾讯不甘落后，一举推出微信，很快其用户量就达到了几千万，目前用户数已经过亿。在电子商务、搜索引擎、在线生活、社交网站林立的互联网产业中，部分企业会选择研发大公司可能暂时不愿意做的产品，这也是为了规避毁灭性竞争而采取的策略。另外，值得注意的是，互联网现在的门槛还比较低，谁都可以进来。可一旦行业成熟并规范起来，就会有一定的准入规范，这也是一个很大的风险。

4．怎么做到

怎么做到就是指具体实现目标的策略和方法是什么。实际工作中，各企业都利用手上现有的资源实现目标。比如有国外奢侈品货源的，可以做名品折扣；签了高速交通实时信息独家协议的，可以做高速实时路况的应用服务；有很多微博大号资源的，可以做微博营销等。但很多团队并不一定是已经拥有了现成的硬性资源，才去追逐商业机会。没有相关的硬件资源时，就需要反过来分析，能不能把很多潜在的资源一点点盘活，这样就可以在发展的过程中，不断创造促使目标达成的条件，从而一步步把事情做起来。

举例而言，如今的qq.com从流量来看确实挤进了门户的行列。但最早的时候，无论是从内容还是流量，它都没法与新浪、搜狐、网易相提并论。腾讯当初还停留在聊天工具阶段时，为了进入门户行列，腾讯先把QQ的市场规模做大，形成一个流量中心，然后通过QQ弹窗引导用户点击新闻，把流量全部引到qq.com。随着时间的推移，腾讯自身内容建设力度的跟进使它牢牢锁定了四大门户的席位。又比如，百度是做网页搜索起家的，随着业务的横向扩展，发现要在垂直领域做好音乐、网址导航、旅游、电子商务、照片编辑软件等都非常困难。但利用搜索这一优势资源，为了达到占领垂直领域或工具性产品的目的，百度采用了合作和直接收购的方式逐步发展，最终成为与阿里巴巴、腾讯齐名的电子商务三巨头。

不管是腾讯、百度，还是没有任何优势的企业，本质上需要掌握的都是目标导向的思维方式。目标导向行为是一个选择、寻找和实现目标的过程，以结果目标为起点，倒推出需要达到目标、满足需要的行为。

3.2.3　需求处理的基本方法

用户需求就是能帮用户解决实际问题的一套解决方案。企业产品项目中最大的风险来自于用户需求的变更，而需求变更产生风险的最大原因便在于未做好需求处理。下面就详细介绍与需求处理相关的几种基本方法，包括获取信息、需求分析、做决策等。

1．获取信息

获取信息是围绕一定目标，在一定范围内，通过一定的技术手段和方法获得原始信息的活动和过程。

获取信息必须具备 3 个步骤才能有效地实现，一是制定获取信息的目标要求，即要搜集什么样的信息，做什么用；二是确定获取信息的范围方向，即从什么地方才能获得这些信息；三是采取一定的技术手段和方法获取信息。由于需要不同，信息获取的技术手段和方法也不相同。就移动电子商务应用产品设计而言，常见的获取信息的方法包括调查法、观察法、实验法、文献检索、网络收集等。其中调查法包含普查和抽样，抽样又可以分为问卷调查和用户访谈，具体如图 3-5 所示。

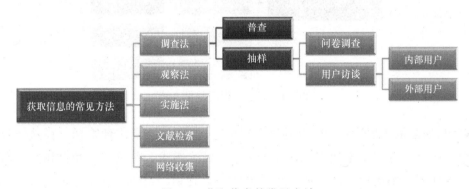

图 3-5　获取信息的常见方法

每种方法都有自身的优点和不足，为获取全面准确的信息，一般会综合使用多种方法进行搜集整理。下面简要介绍各种方法的优缺点，具体如下。

- **调查法**：主要涉及问卷和访谈，其中问卷的优点在于能够在短时间内取得广泛的材料，且能对结果进行数量处理；缺点则是所得材料一般较难进行质量分析，因而难以把所得结论直接与被试者的实际行为进行比较。而访谈的优点在于简单易行，便于迅速获取资料；缺点则是由于关于被访谈者心理状态的结论必须从他自己的回答中寻找，所以具有较大局限性。
- **观察法**：优点在于使用方便，所得材料真实；缺点则是只能消极等待有关现象的发生，难以对所获材料进行数量处理，难以确定某种行为现象的真正原因。
- **实验法**：优点在于研究者处于主动地位，可以控制各种条件，有计划引起某种行为现象发生。同时研究者可以使某种行为在相同条件下重复发生，反复观察验证；缺点则是实验性的人为过分简化，所得结果与实际情况可能存在一定差距。

- **文献检索**：优点在于所得信息准确性和权威性较高，具有很好的参考价值；缺点则是需要耗费大量人力和时间在各种繁杂的文献中寻找合适的资料。
- **网络收集**：优点在于可以快速获取大量相关信息，人力耗费较少；缺点在于需要对收集的信息进行筛选，以判断信息真伪。

2．需求分析

获取信息后，就需要依据各种信息对产品需求进行分析，而针对不同的分析对象，需求分析的方法又有不同，如图3-6所示。

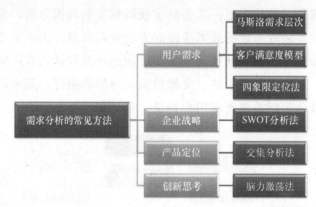

图3-6　需求分析的常见方法

- **马斯洛需求层次**：是行为科学的理论之一，将人类需求像阶梯一样从低到高按层次分为5种，分别是生理需求、安全需求、社交需求、尊重需求和自我实现需求，如图3-7所示。举例而言，假如一个人同时缺乏食物、安全、爱和尊重，通常对食物的需求量是最强烈的，其他需要则显得不那么重要。此时人的意识几乎全被饥饿所占据，所有能量都被用来获取食物。在这种极端情况下，人生的全部意义就是吃，其他什么都不重要。只有当人从生理需要的控制下解放出来时，才可能出现更高级的、社会化程度更高的需要，如安全的需要。进行移动电子商务应用产品设计时，也需要借鉴马斯洛需求层次来考虑用户的需求，即用户最基本需要获得的是什么，当得到满足后，还会进一步想获得什么。
- **客户满意度模型**：客户满意度模型有多种，常见的包括指数模型、四方图模型和KANO模型等。指数模型是一种衡量经济产出质量的宏观指标，是以产品和服务消费的过程为基础，对顾客满意度水平进行评价的综合评价指数。四方图模型又称重要因素推导模型，是一种偏于定性研究的诊断模型。它列出企业产品和服务的所有绩效指标，每个绩效指标有重要度和满意度两个属性，根据顾客对该绩效指标的重要程度及满意程度的打分，将影响企业满意度的各因素归进四个象限内，企业可按归类结果对这些因素分别处理，图 3-8 所示为四方图模型的示意图。KANO 模型定义了三个层次的客户需求，即基本型需求、期望型需求和兴奋型需求。这 3 种需求根据绩效指标分类就是基本因素、绩效因素和激励因素，图 3-9 所示为 KANO 模型的示意图。

图 3-7　马斯洛需求层次示意图

图 3-8　客户满意度四方图模型示意图

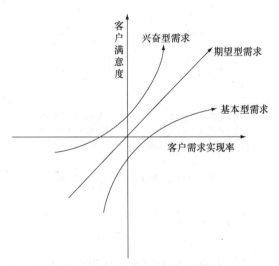

图 3-9　客户满意度 KANO 模型示意图

- **四象限定位法**：将消费者的多种需求按重要性和急需性来考虑分为 4 种。以需求的急需性作为横轴，需求的重要性作为纵轴，建立图 3-10 所示的消费者需求四象限图。消费者的需求特征层次，归结起来可分为四个部分，即"需求特征四象限"，包括重要又急需、重要但不急需、不重要但急需、不重要也不急需。在新产品开发或品牌定位时，应该首先要从消费者需求四象限中的第一象限，即对消费者来说重要而且急需的需求方面去考虑。

- **SWOT 分析法**：用来确定企业自身的竞争优势、竞争劣势、机会和威胁，从而将公司的战略与公司内部资源、外部环境有机结合起来的一种科学的分析方法。所谓 SWOT 分析，即基于内外部竞争环境和竞争条件下的态势分析，将与研究对象密切相关的各种主要内部优势（S：Strengths）、劣势（W：Weaknesses）和外部的机会（O：Opportunities）和威胁（T：Threats）等，通过调查列举出来，并依照矩阵形式排列，如图 3-11 所示，然后用系统分析的思想，把各种因素相互匹配起来加以分析，从中得出一系列相应的结论，而结论通常带有一定的决策性。

图 3-10　四象限定位法示意图

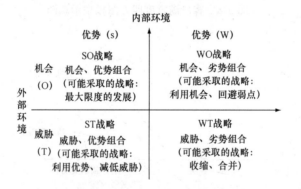

图 3-11　SWOT 分析法示意图

- **交集分析法**：即把想做的（远景规划）、可做的（商机）、能做的（能力）3 个圆圈叠在一起，分析 3 个圆圈的交集部分就是该做的。
- **脑力激荡法**：只产生方案，不做决策，过程中不能批评参与人员的创意，以免妨碍他人的创造性思路。

3. 做决策

决策是在需求分析之后，决定该项产品做还是不做，以及选择那种策略去做的一个环节。很多事情会有一些不确定的因素存在，各个方案发生的概率不可预知，这时就需要一些方法来为决策提供信息和数据支持，这些方法即被称为不确定型决策方法，又称非确定型决策、非标准决策或非结构化决策。

不确定型决策的主要方法有：等可能法、最小风险法、最大风险法、乐观系数法和最小最大后悔值法。

- **等可能法**：假定自然状态中任何一种发生的可能性是相同的，通过比较每个方案的损益平均值来进行方案的选择，在利润最大化目标下，选择平均利润最大的方案，在成本最小化目标下选择平均成本最小的方案。

- **最小风险法**：决策者不知道各种自然状态中任意一种发生的概率，决策目标是避免最坏的结果，力求风险最小。运用这种方法进行决策时，首先要确定每一可选方案的最小收益值，然后从这些方案最小收益值中，选出一个最大值，与该最大值相对应的方案就是决策所选择的方案。

- **最大风险法**：决策者不知道各种自然状态中任意一种可能发生的概率，决策的目标是选最好的自然状态下确保获得最大可能的利润。运用这种方法进行决策时，首先确定每一可选方案的最大利润值，然后在这些方案的最大利润中选出一个最大值，与该最大值相对应的那个可选方案便是决策选择的方案。根据这种准则决策也同时会承担最大亏损的结果。

- **乐观系数法**：决策者确定一个乐观系数 ε（0.5，1），运用乐观系数计算出各方案的乐观期望值，并选择期望值最大的方案。

- **最大最小后悔值法**：决策者不知道各种自然状态中任意一种发生的概率，决策目标是确保避免较大的机会损失。运用最大最小后悔值法时，首先要将决策矩阵从利润矩阵转变为机会损失矩阵，然后确定每一可选方案的最大机会损失，并计算出各方案的最大后悔值，最后选择最大后悔值中的最小方案。

3.2.4　需求处理的使用技巧

进行产品需求处理时，往往会通过一些有针对性的技巧来更好地完成信息获取、需求分析和做决策等过程。下面介绍若干常用的需求处理的使用技巧。

1. 不把需求当需求

需求是客观的，是建立在一定对等价值满足的前提下的。而需求更多的是对客观需求的一种主观印象，一种主观意识。举例而言，移动电子商务产品一般都会涉及注册、登录的需求，以保证得到更好的用户体验效果，如选购、收藏、交易等。如果每个应用或网站都需要用户重新注册才能实现登录操作，用户显然会觉得非常烦琐。因此目前出现了许多快速注册的应用和网站，即可以通过用户拥有的其他账户实现快速注册的效果，这样大部分用户都拥有的 QQ 账号、微信账号等就能帮助自己实现注册的需求，不仅对于用户而言简化了操作，对商家来说也潜在地拥有了大批 QQ 账号、微信账号的用户，这种不把需求当需求的处理方法达到了双方均想要的结果。

2．关注背景条件

关注背景条件是指需要对背景进行适当分析，这其实是一种关联性思考，强调的是不要只是单单看待一个问题，更要结合相关联的因素进行思考。这样有助于提高对事物的客观认识。也就是说，看一个成功的产品不能只看结果，需要了解成功背后的因素。以新浪微博而言，没有新浪网这个媒体平台，没有新浪博客上注册的各种名人产生的效应，用户流量是不能快速而大量的导入到新浪微博这个产品中，从而打造出一个成功的产品的。

3．不把产品形态当本质

事物在发展，变化中所表现出来的外部形态是不一样的。就我国早期 SNS 领域的发展而言，2008 年前做社区会想到论坛，2008 年之后做社区则会想到 Facebook。产品设计时不能把 SNS 等同于论坛、Facebook、微博，外在形态很容易复制，要理解社会性网络的内涵，需要了解社区的特性和优势，对关系链的建立和扩散、核心价值等有深入的研究才行。

4．学会看懂数据

图表可以更好地展示数据之间的内在关系，因此产品规划时都习惯将收集到的信息转换成图表来分析。

- **看真实有效性**：图表做出来后，首先要明确一点，即图表数据源的真实性是否有效。一般而言，调研机构、市场研究机构或企业公司部门内部的图表可以大致清楚数据来源，真实性相对有效。但一些图表是发布在互联网上的，是面对广大用户的，这类图表如果不出具数据来源的说明，其真实性就会大大降低。

- **看数据趋势**：使用图表时，柱形图、条形图和折线图等是最常见的几种图表类型，这些图表都能轻易地展示数据发展变化的趋势，但需要注意的是，这些数据趋势是建立在坐标轴数据的基础上的，如图 3-12 所示，左图显示的数据增长趋势"高歌猛进"，右图显示的数据增长趋势则"平缓乏力"，但两幅图的数据是完全相同的，造成这种情况的原因在于垂直轴的单位不同，左图单位范围较小，右图单位范围更大，这就直接导致了两幅图展示出来的趋势完全不一样。

- **看数据组成**：环形图、饼图等图表可以很好地显示数据的组成情况，对需要分析数据占比时非常有用，图 3-13 所示可以直观地看到同行业各竞争对手的市场份额占比情况。

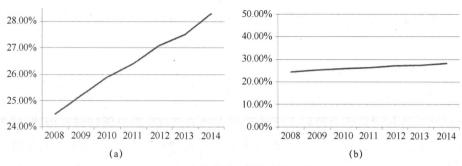

图 3-12　相同数据的不同趋势

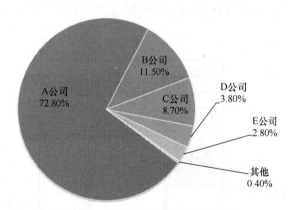

图 3-13　饼图显示的市场份额占比

5．回到初衷

产品规划初期肯定都有一个目标中心方向，但具体做成什么和怎么做都处于探索阶段。因此在后期的各个环节，通过不断的思考、设计、分析，会不知不觉地偏离预设的轨道，当初想做 A 产品，慢慢做成了 B 产品，这就违背了产品设计的初衷。因此作为产品规划人员，要养成结合初衷验证的习惯，既要清楚核心方向和各种非核心方向，又要坚定不移地朝核心方向前进。

3.3　移动电子商务应用产品设计——设计篇

移动电子商务应用产品设计是产品开发成功与否的关键环节，在大量数据信息的支持下，即可开始对产品进行整体设计。也只有系统和全面地完成设计环节后，才能保证产品后续制作的顺利与成功。本节就将详细介绍移动电子商务应用产品设计的相关知识。

3.3.1　产品实现的基本原理

产品实现的基本原理包括如何实现产品内容与数据之间的传递，即数据的产生、存储、消费等，同时还需要确定产品结构的划分，即 C/S 结构或 B/S 结构。下面分别讲解。

1. 内容与数据

设计互联网产品，首先要懂得数据的产生、存储、消费的情况。图 3-14 所示即用户、互联网产品和网站后台数据之间的数据交换的情况。用户通过浏览器或 APP 启动图标访问互联网产品，在其中可以查看内容，也可进行选购、交易等数据交换操作。同时网站后台的数据库会实时与用户访问的操作进行交互，包括存储用户信息，如个人资料、购买信息等，并通过各种存储的信息返回到互联网产品，更好地完成与用户之间的交互活动。

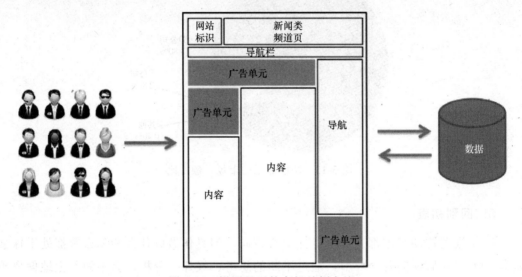

图 3-14 饼图显示的市场份额占比

2. 移动电子商务平台产品结构划分

不管是 C/S 结构还是 B/S 结构，原理都比较相似，实际进行产品设计时，往往会根据业务的复杂程度、交互体验性、应用场景来选择适当的方式。

- **C/S 结构**：即客户机/服务器结构，微信、微博等都属于 C/S 结构。C/S 结构充分利用了两端硬件环境优势，将任务合理地分配到客户机和服务器端来实现，降低了系统的通信开销。但产品的业务逻辑有所改变，需要依赖版本的升级完成更新。所以对一些业务熟悉比较强，需求容易变更的产品，则可以考虑适量地调用网页的形式，降低用户不断升级的繁琐。图 3-15 所示为 C/S 结构的效果。

- **B/S 结构**：即浏览器/服务器结构，是对 C/S 结构的一种改进，用户的工作界面是通过浏览器来实现的。m.taobao.com（手机淘宝网），m.jd.com（手机京东网）等都属于 B/S 结构。C/S 结构的产品更新很容易，用户只要刷新网页就可以了。但网页端没有封装太多的业务逻辑，导致和服务器的通信开销比较大。图 3-16 所示为 B/S 结构的效果。

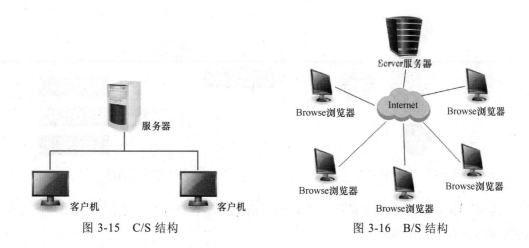

图 3-15　C/S 结构　　　　　　　　图 3-16　B/S 结构

3.3.2　产品设计经理必备的三大能力

移动互联网在不断进步和普及的同时，移动电子商务应用产品也层出不穷，各电子商务企业对产品设计经理也越来越重视，优秀的产品设计经理是各企业力争挖掘的人才。下面便介绍作为一名优秀的产品设计经理应当具备的三大能力。

1．概念设计

概念设计即利用设计概念并以其为主线贯穿全部设计过程的设计方法，是由分析用户需求到生成概念产品的一系列有序的、可组织的、有目标的设计活动，表现为一个由粗到精、由模糊到清晰、由抽象到具体的不断进化的过程。

概念是反映事物本质属性的思维形式。概念具有两个基本特征，即概念的内涵和外延。概念的内涵就是指概念的含义，如"商品是用来交换的劳动产品"。其中"用来交换的劳动产品"就是"商品"这一概念的内涵；概念的外延就是指概念所反映的事物对象的范围，如"森林包括防护林、用材林、经济林、薪炭林、特殊用途林"，这就是从外延角度说明"森林"的概念。

对概念而言，假如给出"食物"这一概念，脑海中肯定会立即想到苹果、香蕉、青菜、蘑菇、草莓、牛肉、胡萝卜、葡萄等各种各样的食物。但对于概念设计来说，产品设计经理则应该侧重于如何便于后续开发工作，对"食物"进行更好的规划，图 3-17 所示中首先将食物按饮食结构进行分类，之后便可以将不同类型的食物归集到对应的类别中。

在移动电子商务领域，"网站"这一概念需要结合与用户之间的关系进行考虑，如网站的功能可以是供用户浏览，也应该具备供用户操作的功能，比如注册、登录、增加、删除、修改等，如图 3-18 所示。只有对概念进行更深入的挖掘和更系统的统筹，才能更好地进行概念设计这个工作，才能有利于工程师对产品进行后续的开发。

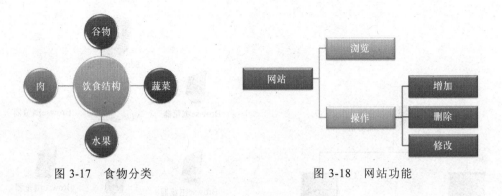

图 3-17　食物分类　　　　　　　　　　图 3-18　网站功能

为便于更好地进行概念设计，移动电子商务产品设计经理可使用概念图和产品架构图这两个有效的工具。

* **概念图**：通过虚拟映射来表现现实的一种方式。简单说，就是对信息世界进行建模。通常会用 E-R（实体—联系）模型设计，只要能表达清楚意图，人和图像、图式、符号的组合都可以，而不用严格区分实体、关系、属性。图 3-19 所示为网上商城的概念图。

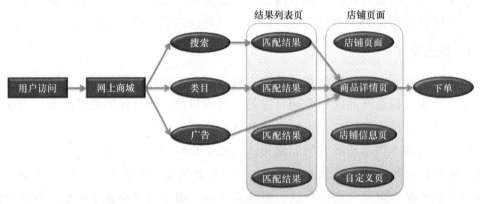

图 3-19　网上商城概念图

* **产品架构图**：直接反映产品各个模块关系的图表，是产品设计阶段的产物，为整体设计产品提供了指导。图 3-20 所示为网站的产品架构图。

提示：Jira 是项目与事务跟踪工具，被广泛应用于缺陷跟踪、客户服务、需求收集、流程审批、任务跟踪、项目跟踪和敏捷管理等工作领域。

2．功能流程设计

通过概念图虽然可以直观地认识产品和业务逻辑，了解产品各个模块之间的关系，但是概念设计本身没有具体约定每个功能的细节，比如流程的前置条件、后置条件、异常分支流程，这样工程师就无法往下开发。在这样的情况下，功能流程设计就显得十分必要了。下面介绍几个与功能流程设计相关的技巧。

图 3-20　网站产品架构图

- **做对业务贡献最大的功能设计策略**：功能设计时，以业务贡献的多少为重要依据，不以功能是否细致为依据。以设计用户注册系统为例，会员系统是所有移动电子商务网站必备的功能。有些注册功能在注册时要求用户填写太多的信息，容易让客户反感和放弃。有些注册功能的过程更为简单，填写基本信息即可，待用户注册登录后，可在一定的场景和时机下通过一定的手段提醒用户补充信息，这就让用户更容易接受并主动进行注册操作。图 3-21 所示分别展示了不同注册功能的流程，效果是显而易见的。

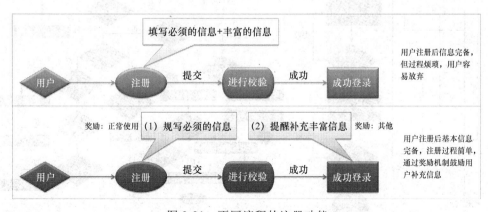

图 3-21　不同流程的注册功能

- **再小的功能单元，也要考虑周详，而且要严谨**：无论再简单的操作和功能，都要考虑到各种情况，以保证功能的完整。如输入邮箱格式时，应设置许多规定来控制邮箱格式的正确性，这需要考虑到不同用户输入的各种可能，以使此功能严谨和完整，如图 3-22 所示。

需　求	描　述
普通用户注册	(1) 有两个字段，分别为 E-mail、password，每个字段为必填项 (2) E-mail 的校验要求： 　　默认部分：@domain 用户输入部分：大小写英文字母 a~z、A~Z、数字 0~9、单点、下划线、减号；2~32 个字符，不可重复。 (3) password 的校验要求： 　　密码长度 6~16 位，由英文字母 a~z（区分大小写）、数字 0~9、特殊字符组成，不可与用户邮箱 ID 相同
其他限制性功能说明	(1) E-mail 有黑名单过滤列表，在黑名单过滤列表中的，不能被提交注册 (2) E-mail 进行唯一性校验，只有未被占用的，才可以提交注册 (3) 一天同一个 IP 注册有上限，超过两次的，不能被提交注册

图 3-22　邮箱格式填写的规定

- **流程图绘制技巧**：功能流程设计时，可借助流程图来进行工作，即通过图形、图标或符号来表达功能的流程，便于他人了解一个对象如何从任务的起点逐步走到任务的终点。绘制流程图时，可以假设所有条件都符合，按最理想的流程进展，以便把主干流程图绘制出来，然后再对分支流程进行细化，图 3-23 所示分别为流程图的绘制思路，以及某种简单流程图和复杂流程图的效果。

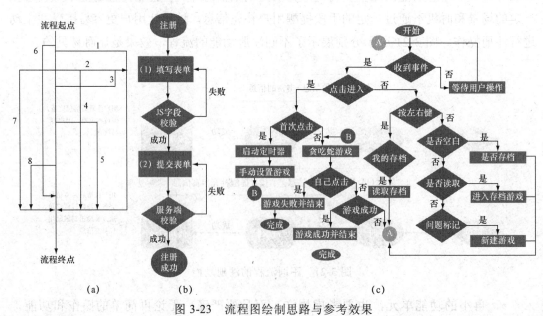

图 3-23　流程图绘制思路与参考效果

3．交互设计

交互设计一般是产品设计的第三个环节，用户在使用互联网产品时，只有先看到产品的界面，才能跟着操作。通过对产品界面和行为的设计，与用户建立一种有机关系。一般互联网公司，交互设计由产品经理兼顾，大的公司则有交互设计师的岗位。交互设计需要注意的是信息架构的设计和交互细节的处理。

* **信息架构**：一个好的信息架构，可以让用户很容易地找到目标，同时也可以让用户、界面、机器有比较好的衔接。信息架构的设计重点在于导航设计，导航是互联网产品中应用最广泛的基础元素之一，可以引导用户了解到网站的内容结构，进而找到所求。好的导航设计一般具备简化的结构、优化的形式和美观的 UI 等几个因素。这些因素体现为可以为用户访问各种页面提供一条快捷路径、简化导航的层级结构、隐藏子级导航等。图 3-24 所示即为隐藏式的导航设计效果。

图 3-24　隐藏式导航设计效果

* **交互细节**：交互细节所具备的作用包括给用户必要的引导和提醒，及时告诉用户当前的进度，对各个状态及时进行反馈，给用户建议性提示等。图 3-25 所示分别为不同形式的交互细节设计效果。

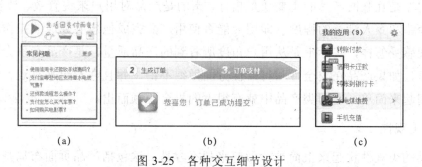

(a)　　　　　　　　　　　　(b)　　　　　　　　　　　　(c)

图 3-25　各种交互细节设计

3.3.3　产品设计的四大原则

移动电子商务应用产品设计中，产品界面、使用情景、用户操作等都会影响用户对产品的体验，因此在设计的过程中应遵循一定的原则，使得产品能得到用户和市场的认同。总体而言，产品设计包括四大原则，即安全性、可靠性、易用性、美观性。

1．安全性

安全性是任何产品设计都需要首先考虑和秉持的原则。2011 年 12 月，中国最大的开发者技术社区 CSDN 的安全系统遭到黑客攻击，600 多万用户的登录名和密码及邮箱被泄露出去，这直接反映了安全性对产品的重要性。移动电子商务应用产品设计时，可以从安全的技术策略层面去努力，比如很多网站都采用 HTTP 安全协议，也有一些网站提供数字证书服务等。同时也可从产品设计的策略层面去努力，比如手机验证、E-mail 验证、密保答案等。

 提示：HTTP 是超文本传输协议，是互联网上应用最为广泛的一种网络协议，所有的 www 文件都必须遵守这个标准。

2．可靠性

产品投入市场后，用户使用起来是否可靠是用户选择使用这款产品的关键。如访问速度是否快速高效，在大量用户同时访问时速度是否不受影响；产品兼容性是否可靠，包括与操作系统的兼容以及与浏览器的兼容，会不会出现不流畅、闪退，甚至死机等现象；产品并发处理能力是否强大，比如预计每天访问量为 4 亿，交易量为 100 万，当实际上某天或每天出现 10 亿访问量和 166 万交易量时，产品能否及时且正确处理，会不会崩溃等。只有产品具备相当的可靠性后，用户才会选择使用。

3．易用性

易用性是互联网产品的重要质量指标，指的是产品对用户来说有效、易学、高效、好记、少错和令人满意的程度，即用户能否使用产品完成他想要完成的操作，效率如何，主观感受怎样，实际上是从用户角度所看到的产品质量，是产品竞争力的核心。具体而言，如果产品在安全性和可靠性方面做得不错，并且它看起来直观、学起来容易、使用起来简单，在同类产品中就有很大的机会脱颖而出。

4．美观性

产品的美观性说起来很简单，做起来却不容易，这包括产品页面布局是否合理美观、颜色搭配是否美观、设计风格是否美观等。美观的产品可以说是一块"敲门砖"，当用户使用某个产品时，第一时间看到的就是产品的外观，无论产品安全性如何、可靠性如何、易用性如何，只要用户看着不满意，就很有可能放弃使用。相反，如果用户觉得满意，则会进一步使用，进一步体验产品的其他性能。

3.3.4 产品设计经理的两大技能

产品设计经理进行移动电子商务应用产品设计时，不可避免地会使用各种工具软件对产品设计进行规划、分析、决策和功能设计等，同时在不同阶段都会通过撰写文档来阐述自己的思想与理念，以便给上级领导汇报，给下级同事指示。因此在一定程度上可以说，工具的使用和文档的撰写是产品设计经理的两大技能。

1. 工具的使用

产品设计时会涉及各种类型的工具，如思维导图工具、流程图工具、原型设计类工具、数据类工具、演示类工具等，各种类型的工具作用各不相同。

● **思维导图工具**：思维导图又叫作心智图，是表达发射性思维的有效的图形思维工具，它简单却又极其有效，是一种革命性的思维工具。思维导图运用图文并重的技巧，把主题关键词与图像、颜色等建立记忆链接，利用记忆、阅读、思维的规律，更有效地进行总体规划。常用的思维导图工具包括 MindManager、XMind、FreeMind、MindMapper、NovaMind 等，图 3-26 所示为思维导图的参考效果。

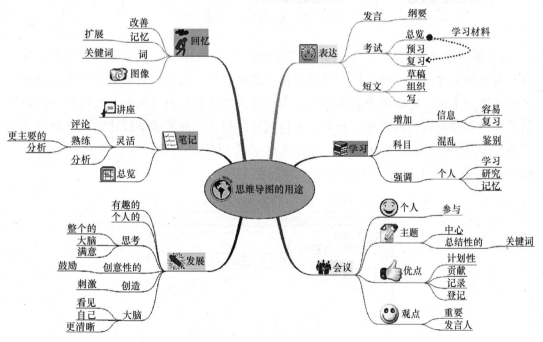

图 3-26　思维导图参考效果

● **流程图工具**：流程图是流经一个系统的信息流、观点流或部件流的图形代表，主要用来说明某一过程，这种过程既可以是生产线上的工艺流程，也可以是完成一项任务必需的管理过程。流程图是揭示和掌握封闭系统运动状况的有效方式。作为诊断工具，它能够辅助决策制定，让管理者清楚地知道问题可能出在什么地方，从而确定出可供选择的行动方案。常用的流程图工具包括 Visio、EDraw 等，图 3-27 所示为流程图的参考效果。

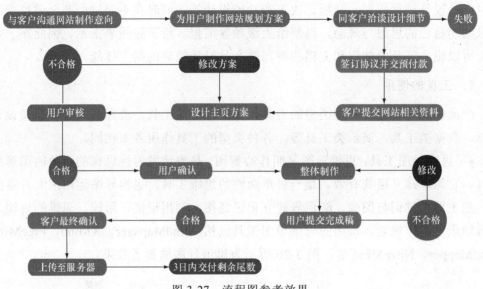

图 3-27　流程图参考效果

- **原型设计类工具：** 原型设计是交互设计师与项目经理、产品经理、网站开发工程师沟通的最好工具。产品原型可以概括地说是整个产品面市之前的一个框架设计，以网站注册为例，完成整个前期的交互设计流程图之后，就是原形开发的设计阶段。简单来说就是将页面的模块、元素、人机交互的形式，利用线框描述的方法将产品脱离皮肤状态下更加具体和生动的进行表达。常用的原型设计类工具包括 Axure、Mockplus 等，图 3-28 所示为原型设计的参考效果。

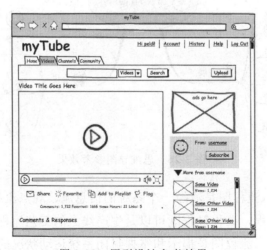

图 3-28　原型设计参考效果

● **数据类工具**：数据类工具的作用主要是对数据进行收集、整理、汇总、管理、分析等，并结合计算、图表等功能，深入剖析数据所代表的各种信息。常用的数据类工具包括 Excel、SPSS 等，图 3-29 所示为数据管理的参考效果。

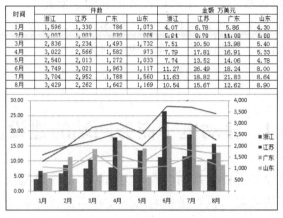

图 3-29 数据管理参考效果

● **演示类工具**：演示类工具一般是指把静态文件制作成动态文件浏览，把复杂的问题变得通俗易懂，使之更为生动，给人留下更为深刻印象的幻灯片，常用在产品发布、更新和各种需要进行演讲的场合。常用的数据类工具包括 PowerPoint、WPS、Authorware 等，图 3-30 所示为演示文稿的参考效果。

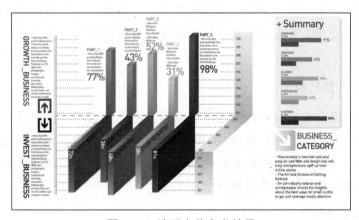

图 3-30 演示文稿参考效果

2. 文档的撰写

对于产品设计经理而言，撰写文档时，应首先弄清楚文档的表达过程，然后需要掌握技巧，如先说清楚什么、中心思想怎样阐述、采取哪种表达方式等。总的来说，文档的撰写应该注意以下几个方面。

● 建立全局观，把握整体框架。

- 划分好优先前后级，围绕核心的、主要的问题撰写。
- 内容要落于实处，不能天马行空。
- 文档要规范，目录、层级要清晰。
- 内容不在于是否写得多，在于是否真正说明了问题。
- 学习竞争者的长处，可以把好的东西借鉴过来，吸取精华。
- 落实到每个细节，文档都不完善，成品何来完善。
- 要自己多看，自己给自己找缺陷，把问题止步于自己。

🛜 3.4　移动电子商务网站的建设流程

网站的设计与建设是需要一系列步骤来完成的，能否遵循网站的设计步骤进行建设直接影响一个网站的质量，也直接影响网站发布后是否能成功运行。就移动电子商务网站而言，其建设流程主要涉及网站的总体设计、网站软硬件环境建设、网站内容建设、投资费用预算等环节。

3.4.1　网站的总体设计

移动电子商务网站总体设计需要确定的主要包括建站目的、客户定位、内容框架、盈利模式、主要业务的使用流程及网站开发形式等内容。只有明确网站的总体设计方略，才能为建站的开发工作打下基础，才能使开发出的网站符合企业的目的，同时满足用户的需求。

1. 网站建设目的的确定

目的是网站建设的出发点，应该以企业自身的商务需求、产品特色及行业特点作为选择的标准。如网站用来开展 B2B 和 B2C 交易，用来进行企业形象建设，以拓展企业联系渠道，或作为企业的服务性网站，又或做其他应用目的等。只有确定了明确的目的，才能进行总体设计的其他环节。

2. 网站客户定位

调查与分析目标客户，了解网站可能服务的对象和客户的需求，规划与设计符合目标客户群的商务网站，为客户提供所需的产品或服务，以及满足其兴趣与爱好，吸引其对网站的注意力，才能使企业的网站不仅仅是停留在公司形象宣传、信息发布与简单的信息浏览的层面上，而是真正成为满足客户需求的商务网站。

网络客户群体极具多样性，相应地，网站的设计也必须与之相适应。只有清楚地确认网站的客户群体、客户的需求、客户的兴趣，才可能在网站上提供客户所需要的内容和信息，留住目标客户群体。网站对客户了解得越多，网站成功的可能性越大。大型企业网站必须进行客户需求分析，即在充分了解本企业客户业务流程、所处环境、企业规模、行业状况的基础上，分析客户表面的、内在的、具有可塑性的各种需求。

3．网站内容框架确定

构架网站内容框架主要包括网站核心内容、主要信息、服务项目等，确定网站的内容框架，才能为网站的主要功能和业务提供保障，增加网站的可靠性和易用性。确定内容框架后，就可以通过勾画结构图来完善框架，结构图的主要作用是明确内容框架、理顺网站各种功能，以及设计具体的操作流程等。结构图的种类有很多，如顺序结构、网状结构、继承结构等，如图 3-31 所示，实际使用时可结合移动电子商务企业自身的情况进行选择。

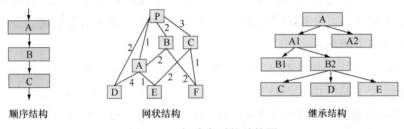

顺序结构　　　　　网状结构　　　　　继承结构

图 3-31　各种类型的结构图

4．网站的盈利模式设定

没有利润的企业网站肯定是不能长期维持下去的，盈利模式的设定对网站来说十分重要。网站的经营收入目标与企业网站自身的知名度、网站的浏览量、网站的宣传力度和广告吸引力、上网者的购买行为对本网站的依赖程度等因素有十分密切的关系。因此，企业网站应该按照上述因素的分析结果来设定本网站的盈利模式。

5．主要业务流程设定

设定移动电子商务网站的主要业务流程时，具体业务流程应当尽量做到对客户透明，使客户购物、交易，以及进行其他操作时更加安全、可靠、方便和快捷，让客户感到在网上购物与现实中的购物流程没有本质的差别和困难，甚至更加优越。

6．网站开发形式选择

网站开发形式有多种，如购买、外包、租借、自建等，企业开发网站时，可根据实际需求和条件选择适合自己的开发形式。

- **购买**：成本较低，开发时间短，需要的专业人员少。小企业常选用这种方法。
- **外包**：开发商与企业的沟通，可以将开发商的技术优势与企业电子商务的需求密切结合，大大提高整个电子商务网站开发的成功率。
- **租借**：在需要经常维护或者购买成本很高的情况下，租借比购买更有优势。对于无力大量投资于电子商务的中小型企业来说，租借很有吸引力。

- **自建**：自建能更好地满足组织的具体要求。有资源和时间自行开发的公司更喜欢采用这种方法，以获得差异化的竞争优势。

3.4.2　网站软硬件环境建设

网站软硬件环境建设是网站正常运营的基础，这里重点对网站的接入方式、网络服务方式、网络数据库、软件系统和网站安全等相关内容进行介绍。

1．接入方式的选择

从信息资源的角度来看，互联网是一个集各部门、各领域的信息资源为一体的，供网络用户共享的信息资源网，要接入互联网，可通过某种通信线路连接到 ISP。ISP 指互联网服务供应商，是用户通过网站进入互联网世界的驿站和桥梁。提供增值业务的 ISP 大致可分为两类。

- **IAP**：只向用户提供拨号入网服务，规模小、局域性强、服务能力有限，用户仅将其作为一个上网的接入点看待。
- **ICP**：能为用户提供基于网络的各类信息服务，拥有自己的特色信息源，是互联网服务发展的主要方向，也是互联网建设的重要力量。

2．网络服务方式的选择

网络服务方式主要是指移动电子商务企业选择服务器或主机的使用方式，包括服务器托管、虚拟服务器（VPS）、虚拟空间等。

- **服务器托管**：指客户自行采购主机服务器，并安装相应的系统软件及应用软件，以实现用户专用的高性能服务器，实现 WEB+FTP+MAIL+DNS 全部网络服务功能，可以节省高昂的专线及网络设备费用。
- **虚拟服务器**：相对于真实主机而言，VPS 采用特殊的软硬件技术把一台完整的服务器主机分成若干个主机，将真实的硬盘空间分成若干份，然后租给不同用户，每一台被分割的主机都具有独立的域名和 IP 地址，但多个用户需要共享真实主机的 CPU、RAM、操作系统、应用软件等。
- **虚拟空间**：也称虚拟主机，是使用特殊的软硬件技术把一台计算机主机分成一台台"虚拟"的主机，每一台虚拟主机都具有独立的域名和 IP 地址（或共享的 IP 地址），具有完整的 Internet 服务器功能。

提示：简单地说，虚拟空间就是 VPS 或服务器下某个盘符划分出来的一个文件夹，这个文件夹存放着单个网站的程序文件。如 VPS 下的 D 盘可以建立 1，2，3……n 个文件夹，每个文件夹放一个网站程序，这样文件夹 1 就是一个虚拟主机，文件夹 2 也是一个虚拟主机。

3．网络数据库的选择

网络数据库也叫 Web 数据库，它将数据库技术与 Web 技术融合在一起，使数据库系统成为 Web 的重要有机组成部分，从而实现数据库与网络技术的无缝结合。这一结合不仅把 Web 与数据库的所有优势集合在了一起，而且充分利用了大量已有数据库的信息资源。建立移动电子商务网站时，应综合考虑该网络数据库的易用性、分布性、并发性、数据完整性、移植性、安全性、容错性等性能，以保证网站在任何时间、任何环境、任何状态都能正常为用户提供服务。

4．软件系统的选择

随着电子商务的迅速发展，许多电子商务解决方案的开发平台应运而生。这些 IT 公司提供的电子商务的解决方案，可以方便协助企业构建功能强大而且具有经济效益的网站。但即便如此，软件系统的选择也应当依据网站设计的整体方案，一定要与网站的硬件配置相匹配。很多软件系统对于网站的运行效率和数据处理能力等方面并没有太大的差异，但对于技术人员来讲，则存在一个实践了解的过程。

5．网站安全建设

网站安全建设包括系统安全建设和安全管理制度的建设。其中，系统安全建设包括组成网络的硬件的安全和防止非法用户进入网络；安全管理制度的建设应包括网站工作人员管理制度，保密制度，跟踪、审计、稽核制度，网站日常维护制度，用户管理制度，病毒防范制度，应急措施等内容。

3.4.3　网站内容建设

网站的内容建设是网站运营过程中最重要的一部分，直接关系到是否能带来用户和流量，也是网站运营成功与否的关键。这里主要介绍域名申请、资料收集、网站设计、资源管理、设计基础语言和常用工具等与网站内容建设相关的知识。

1．域名申请

域名是由一串用点分隔的名字组成的互联网上某一台计算机或计算机组的名称，用于在数据传输时标识计算机的电子方位（有时也指地理位置）。域名的注册遵循先申请先注册的原则，管理认证机构对申请企业提出的域名是否违反了第三方的权利不进行任何实质性审查，中华网库中的每一个域名的注册都是独一无二、不可重复的。

申请域名时应找正规的域名服务商注册，以保证域名能够安全和正常使用，域名应尽量短小、易记，内容最好与公司名称、商标或核心业务相关，并尽量避免文化冲突。

> **提示**：由于域名存在有效期，在有效期过后，需要及时进行续费，否则域名将会在到期后自动删除，导致无法拥有所有权，网站等其他服务也将会被迫停止。

2．相关资料的收集

建站时需要收集各种类型的资料，包括图片、文档、视频、音频等，一个好的站点需要大量的、有针对性的信息和资料，并应该在网站建设初期就有明确的指导方针，对信息的收集和整理工作做出统筹规划。具体而言，网站建设需要收集的资料主要包括以下几方面的内容。

- **基本资料信息**：公司、企业、单位或个人的有关资料信息，是网站建设的主要资料来源。
- **优秀网站的有关资料**：收集优秀网站的版式、布局等有关资料，便于了解优秀网站的特点、建设过程中的一些经验和规律，从而博采众长，确定和形成自己网站的特点和风格。
- **其他媒体及互联网上可用的资料**：图书、报纸、光盘、多媒体及互联网是资料信息的另一重要来源，通过这些媒体可以收集许多可用的资料，作为制作网页的素材。
- **用户的反馈信息、意见和建议**：通过用户访问情况或访问量可以判断网站设计成功与否，用户反馈意见有助于网站的进一步修改和完善。

3．网站主页和页面的特色设计

要想做好网站以及后期推广，优秀的网页设计是必不可少的，通过具有一定特色的网页设计可以把网站的宗旨和理念有力地予以诠释，使得页面简单易记、形象生动、冲击力强、彰显力量。总的来说，页面设计应该依据内容来确定网页风格，合理安排网页内容元素的位置，并在色彩搭配方面进行合理运用。另外，页面中的各种图片、视频、音频等多媒体元素的使用也应合理，过多过少都不行。

4．网站资源管理

网站资源管理除了基本数据和内容的管理、维护与更新外，一些重要资料更需要得到保护和管理，如账号、订单资料、会员资料等。

- **账号管理**：包括服务商账号密码、FTP用户名密码、网站后台用户名密码等。
- **订单资料管理**：包含所有对于网站订单的相关管理。
- **会员资料管理**：保证能够按需查询会员资料，以了解用户的消费倾向等信息。

5．网站设计基础语言

网站设计需要用到许多开发和编程语言，如 HTML、ASP、JSP、JavaScript 等，下面简要介绍这几种基础语言的作用和特点。

- **HTML**：HTML 是英文 Hyper Text Mark-up Language（超文本标记语言）的缩写，它规定了自己的语法规则，用来表示比"文本"更丰富的意义，比如图片、表格、链接等。浏览器软件知道 HTML 语言的语法，可以用来查看 HTML 文档。目前互联网上的绝大部分网页都是使用 HTML 编写的。超文本标记语言是标准通用标记语言下的一个应用，也是一种规范，一种标准，它通过标记符号来标记要显示的网页中的各个部分。网页文件本身是一种文本文件，通过在文本文件中添加标记符，可以告诉浏览器如何显示其中的内容。

- **ASP**：ASP 是 Active Server Page（动态服务器页面）的英文缩写，是 Microsoft 公司开发的代替 CGI 脚本程序的一种应用，它可以与数据库和其他程序进行交互，是一种简单、方便的编程工具。ASP 的网页文件的格式是.asp，现在常用于各种动态网站中。

- **JSP**：JSP 全名为 Java Server Pages，中文名叫 Java 服务器页面，其根本是一个简化的 Servlet 设计，是一种动态网页技术标准。JSP 技术类似 ASP 技术，是在传统的网页 HTML 文件中插入 Java 程序段和 JSP 标记，从而形成 JSP 文件。用 JSP 开发的 Web 应用是跨平台的，既能在 Linux 下运行，也能在其他操作系统上运行。

 提示：Servlet 是在服务器上运行的小程序，是在 Java Applet 的环境中创造的，一个 Servlet 就是 Java 编程语言中的一个类，它被用来扩展服务器的性能，服务器上驻留着可以通过"请求-响应"编程模型来访问的应用程序。虽然 Servlet 可以对任何类型的请求产生响应，但通常只用来扩展 Web 服务器的应用程序。

- **JavaScript**：JavaScript 是直译式脚本语言，是一种动态类型、弱类型、基于原型的语言，内置支持类型。其解释器被称为 JavaScript 引擎，为浏览器的一部分，广泛用于客户端的脚本语言，最早是在 HTML 网页上使用，用来给 HTML 网页增加动态功能。

6. 网页制作常用工具

进行网页制作时，需要用到各种类型的工具软件，如网页制作软件 Dreamweaver、流程绘制软件 MindMapper、集成开发环境软件 Eclipse、图像处理软件 Photoshop 等。

- **Dreamweaver**：集网页制作和管理网站于一身的所见即所得网页编辑器，是第一套针对专业网页设计师特别发展的视觉化网页开发工具，利用它可以轻而易举地制作出跨越平台限制和跨越浏览器限制的充满动感的网页。

- **MindMapper**：专业的可视化概念图实现、信息管理和处理工作流程的智能工具软件，可以通过智能绘图方法使用该软件的节点和分支系统。MindMapper 属于"思维导图""头脑风暴"类软件，可以把混乱的、琐碎的想法贯穿起来，有助于整理思路，最终形成条理清晰、逻辑性强的成熟思维模式。

- **Eclipse**：是一个开放源代码的、基于 Java 的可扩展开发平台。就其本身而言，它只是一个框架和一组服务，用于通过插件组件构建开发环境。

- **Photoshop**：主要用于处理以像素构成的数字图像，利用其大量的编修与绘图工具可以有效地进行图片编辑工作，是目前最主流的图像编辑处理软件之一。

3.4.4　投资费用预算

建设电子商务网站需要在各个环节都要投入一定的资金费用，在前期对这些费用进行初步预算，可以使建站工作更加顺利完成。各种投资费用如下。

- **前期准备费用**：指网站的前期策划、准备等相关费用，具体包括网站策划费用、网站许可准备费用、网站开发运营的人员招募费用等。
- **网站硬件费用**：指网站的服务器、防火墙、带宽等软硬件购买和配置，开发场所和设备的购置等费用。
- **程序开发维护费用**：主要包括网站界面设计人员的相关工资，网站程序开发人员的工资、开发的行政成本，网站测试、网站更新维护的费用等。
- **网站推广费用**：主要包括网络广告、网络公关、传统传播等各种宣传途径的传播费用。

📶3.5　如何做好移动电子商务产品设计经理

产品经理不仅需要负责调查用户的需求，以确定开发何种产品，选择何种技术和商业模式等，还应推动相应产品的开发组织，根据产品的生命周期，协调研发、营销、运营等环节，确定和组织实施相应的产品策略，以及其他一系列相关的产品管理活动。本节就将探讨如何才能做好移动电子商务产品设计经理。

3.5.1　理性看待产品经理

理性看待产品经理，其实就是从客观的角度上去看待，不要过于主观。

首先需要明白，产品经理不是经理，在大多数公司中，产品经理其实是专业岗位，而不是管理岗位。换句话说，产品经理负责做事，不负责管人。其职责更多的是想办法将某个产品不断地向前推进，促使其面市和改善，与普通经理应具备的权力是完全不同的。

另外，产品经理在不同阶段的职能是不同的。随着能力的提高，产品经理慢慢会被授权去负责一些产品经理招聘、培养新人的工作。当产品经理一词中的"经理"成为名词时，则岗位职能就发生变化了，这时产品经理就具有一定的管理属性，更像是产品经理的经理。也就是说，初级的产品经理主要任务就是负责某个产品项目，当晋升为产品总监之类的岗位后，便具备组建团队、分解任务、培养团队、引入各种机制的权利。总而言之，产品经理本身也是发展的，不同的阶段，产品经理被赋予了不同的职能。而从管理的角度来说，体现出来的更多的是人员招聘、团队管理、绩效考核、资源分配等职能。这个过程也符合很多人从专业走向管理的职业生涯规划。

产品经理也不是人人都能做的，有些企业要求产品经理不仅仅要有定义产品功能、排定优先级，并把产品做出来的能力，还要有对产品全程负责、持续运营直到成功的能力。虽然没有行业标准，但特别是从几大电子商务巨头企业的要求来看，对于产品经理，其实是趋向于高端产品经理要求的。很多产品经理都有对产品新想法的思考，但拿不出有效的解决方案，这种产品经理实际上是得不到企业信任的。如果无法实施执行，没有一个确认可行的解决方案，想法再好也是枉然。

3.5.2　产品经理的分类

产品经理可按照职能标准或自身特质标准进行分类，下面具体进行介绍。

1．按职能分类

纵观各企业的不同职能，目前互联网产品经理大概分成以下 3 类：设计型产品经理、规划型产品经理、总负责型产品经理。

- **设计型产品经理**：设计型产品经理强调的是产品的设计、执行能力。一般情况下，大致的产品规划上级领导已经想好了，产品经理需要负责的是设计满足这个意图的具体产品，同时还要负责部分体验或数据分析。这种类型的产品经理有分析和设计产品功能的能力，但对产品的通盘性思考不够。
- **规划型产品经理**：规划型产品经理强调的是产品的规划（通盘性思考）能力。一般情况下，上级领导给出一个方向和目标，产品经理根据这个方面和目标，进行推导论证，考虑要做一个什么样的产品，才可以满足意图。这类产品经理是各企业产品线的核心骨干，具备产品独立策划、通盘思考的能力，工作经验相对丰富。
- **总负责型产品经理**：总负责型产品经理强调的是产品整体的运作能力。一般情况下，上级领导给出一个方向和目标，并按照一定配比提供资源，产品经理要根据资源和目标将项目落实。这类产品经理是各企业产品线的管理者，有资源的决策权，对整体业务的结果负责，同时有很强的战略思维及决断能力，一般工作经验比较丰富。

2．按特质分类

从另外一个角度来看，按产品经理自身的特质可以分为工匠型产品经理、元帅型产品经理、老师型产品经理 3 种类型。

- **工匠型产品经理**：工匠型产品经理具备某个专业领域技能的娴熟程度。一般来说，技能对应的市场供求关系决定了其市场价值，那么这个市场价值往往也就是个人价值的体现。
- **元帅型产品经理**：元帅型产品经理能够将项目中众人的价值挖掘出来，而不是仅仅局限于个人的技能。

- **老师型产品经理**：老师型产品经理通常具有系统思考的能力，对产品经理这个行业有深入的研究，对这个岗位涉及的知识、技能做了很好的梳理，可以使团队很好地成长。

3.5.3　产品经理人的能力模型

产品经理人的能力模型如图 3-32 所示。其中专业能力需要产品经理人具备行业及业务知识，如做游戏行业，就应知道游戏都是怎么做出来的，游戏的收费模式是怎样的，游戏引擎支撑的功能，开发的成本，以及游戏的推广运营方式等。又如产品的基本功，作为产品经理，应该知道产品是怎么实现的，要了解网站实现的原理、客户端产品实现的原理、产品设计的原则、应该掌握哪些基本的工具、文档怎么写等。对于个人素质能力和管理能力而言，是产品经理人综合能力的体现，优秀的产品经理人，就应该具备包括专业能力、个人素质和管理能力等各方面的素质。

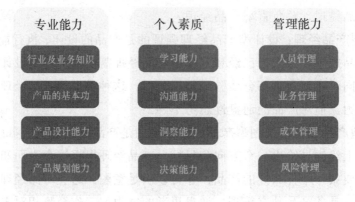

图 3-32　产品经理人能力模型图

3.5.4　企业喜欢什么样的产品经理

对于企业而言，在挑选产品经理时会设置许多条件和要求，以保证找到更符合企业需要的优秀产品经理。具体而言，精通业务、产品基本功好、懂技术实现、思路清晰、执行能力强、具备品牌背书或口碑背书的产品经理更容易受到企业青睐。

1．精通业务

精通业务是指对涉及的产品行业非常了解，如应聘 SNS 社区的产品经理，当被问及关系链、双向行为数等问题时，若在社区方面没有积累，肯定会一头雾水。企业招聘时强调有经验或有相对成功的案例，就是想利用产品经理过去的经验和心得来降低选用新手产生的大量试错成本。因此企业非常看重产品经理具备的能力。

2．产品基本功好

产品基本功是一个产品经理专业能力最基本的体现。企业一般希望产品经理对基本的产品技能都能运用，如用 Visio 绘制流程图、用 Axure 绘制原型、写产品需求文档等。甚至还有一些企业在面试时，要求对过去的作品进行展示，目的也是想通过实际的产物对应聘者进行衡量，以更好地判断对方的能力。

3．懂技术实现

产品和人一样，是有其内在组织结构的，如果在某个构成部分存在问题就会出现故障。产品经理如果懂技术实现，就可以更好地把握产品的架构，使产品更具安全性和可靠性。对于互联网产品而言，基本上都是通过客户端和服务端进行交互，最后渲染到用户面前，如果一点技术都不懂，特别是还处于设计阶段的产品经理，就会直接影响产品功能设计的环节。

4．思路清晰

产品经理思路清晰需要具备逻辑思维清晰和表达清楚两个方面的能力，新浪等企业面试产品经理的时候，很喜欢让应聘者现场设计一个产品的流程，看看是不是具备系统的抽象解构能力，以及数据流的抽象还原能力。只有思路清晰的产品经理，在进行产品设计和开发时，才能更有效地保证产品架构、内容、功能的完善，以及提高与整个产品开发团队默契合作的几率。

5．执行能力强

优秀的产品经理必须具备较强的执行能力。执行力就是将一个想法很好地变成结果的能力，具体而言，就是需要具备较强的沟通能力，具备项目协调、控制、推动、执行能力，具备乐观积极、抗压的能力，具有团队合作精神等。

6．具备品牌背书或口碑背书

"背书"是会计术语，指票据的收款人或持有人在转让票据时，在票据背面签名或书写文句的手续，其主要作用是表明意向、担保承兑、担保付款、证明前手的真实性。而这里所说的品牌背书是指应聘者的教育背景和工作经验。举例而言，面对一群求职者中仅有的一位清华大学毕业生，清华大学这个品牌就会使他占有一定的优势；又如有位求职者以前在谷歌公司有一段时间的工作经验，同样会极大地提高其应聘几率。可想而知，在绝大多数情况下，品牌所带来的背书影响力还是比较大的。

而口碑背书，可以简单理解为人际关系，假如行业中某知名企业的董事长推荐某位人才到公司担任产品经理，那么他的前途相对而言肯定要更好，这就是口碑背书。因为相信那位知名企业的董事长，进而也就相信了那位产品经理。

总的来说，背书效应在应聘产品经理或其他岗位时，影响力是非常大的。

本章小结

本章详细介绍了移动电子商务应用产品的基本概述、规划设计，移动电子商务网站的建设流程，以及如何做好移动电子商务产品设计经理等内容。通过学习，读者可以对移动电子商务应用产品的设计有全面的认识，能够对移动电子商务应用产品的设计、规划、网站的建设流程及移动产品设计经理岗位有深入的了解。图 3-33 所示为本章主要内容的梳理和总结示意图。

移动电子商务应用产品设计概述	· 什么是互联网产品设计：通过用户研究和分析进行的整套服务体系和价值体系的设计过程 · 移动互联网产品设计发展趋势：界面简洁直观、多样的动态效果和交互模式、合理的用户引导、完善的手势操作 · 互联网产品设计包括的内容：需求调研、需求规划、需求共识、需求管理、信息架构、UI设计、原型设计、测试、开发、迭代
移动电子商务应用产品设计——规划篇	· 什么是产品规划：获取信息、需求分析和做出决策的过程 · 产品规划核心四问："做什么？""有什么价值？""为什么做？""怎么做到？" · 需求处理的基本方法：获取信息、需求分析、做决策 · 需求处理的使用技巧：不把需求当需求、关注背景条件、不把产品形态当本质、学会看懂数据、回到初衷
移动电子商务应用产品设计——设计篇	· 产品实现的基本原理：内容与数据、移动电子商务平台产品结构划分 · 产品设计经理必备的三大能力：概念设计、功能流程设计、交互设计 · 产品设计的四大原则：安全性、可靠性、易用性、美观性 · 产品设计经理的两大技能：使用工具软件、撰写文档
移动电子商务网站的建设流程	· 网站的总体设计：确定建站目的、确定客户定位、确定内容框架、设定盈利模式、设定业务流程、选择开发形式 · 网站软硬件环境建设：选择接入方式、选择网络服务方式、选择网络数据库、选择软件系统、网站安全建设 · 网站内容建设：域名申请、资料收集、页面设计、资源管理、编程语言和常用工具的使用 · 投资费用预算：前期准备费用、网站硬件费用、程序开发维护费用、网站推广费用
如何做好移动电子商务产品设计经理	· 理性看待产品经理：产品经理不是经理、产品经理在不同阶段的职能是不同的、产品经理不是人人都能做的 · 产品经理的分类：按职能分为设计型产品经理、规划型产品经理、总负责型产品经理；按特质分为工匠型产品经理、元帅型产品经理、老师型产品经理 · 产品经理人的能力模型：专业能力、个人素质、管理能力 · 企业喜欢什么样的产品经理：精通业务、产品基本功好、懂技术实现、思路清晰、执行能力强、具备品牌背书或口碑背书

图 3-33 移动电子商务应用产品设计相关知识的总结

课后练习题

1. 单项选择题

（1）互联网产品设计内容中的 UI 设计是指（　　）。

    A．产品架构设计　　　　　　　　　B．企业 LOGO 设计

    C．用户界面设计　　　　　　　　　D．交互功能设计

（2）产品规划首先要明确的是（　　）。

    A．做什么　　　　　　　　　　　　B．有什么价值

    C．为什么做　　　　　　　　　　　D．怎么做到

（3）需求处理获取信息时，使用方便、获取材料真实的方法是（　　）。

    A．调查法　　　　B．实验法　　　　C．文献检索　　　　D．观察法

（4）交集分析法属于需求分析时对（　　）采用的一种分析方法。

    A．用户需求　　　B．企业战略　　　C．产品定位　　　　D．创新思考

（5）下列选项中，不是产品设计经理必备能力的是（　　）。

    A．概念设计　　　　　　　　　　　B．页面设计

    C．功能流程设计　　　　　　　　　D．交互设计

（6）下列工具中，属于思维导图工具的是（　　）。

    A．Visio　　　　B．Mindmanager　　C．EDraw　　　　D．Axure

（7）移动电子商务网站进行总体设计时，不需要确定的是（　　）。

    A．客户定位　　　　　　　　　　　B．盈利模式的设定

    C．业务流程的设定　　　　　　　　D．系统软件的选择

（8）关于网站域名的申请，下列说法错误的是（　　）。

    A．域名内容越长就越安全　　　　　B．域名应找正规服务商申请

    C．域名内容越短越容易记忆　　　　D．域名内容应尽可能与企业相关

（9）网站开发运营的人员招募费用属于建设电子商务网站时的（　　）。

    A．前期准备费用　　　　　　　　　B．网站硬件费用

    C．程序开发维护费用　　　　　　　D．网站推广费用

（10）下列选项中，不属于按职能标准对产品经理进行分类的是（　　）。

    A．设计型产品经理　　　　　　　　B．元帅型产品经理

    C．规划型产品经理　　　　　　　　D．总负责型产品经理

（11）对于产品经理人而言，其能力模型是检验它的重要参考指标。下列选项中，不属于产品经理人应该具备的能力的是（　　）。

    A．专业能力　　　B．个人素质　　　C．团队能力　　　　D．管理能力

2．多项选择题

（1）开发一款移动电子商务产品，可能会涉及的技术包括（　　　）。

    A．通信技术　　　　　　　　　　　　B．生产技术

    C．互联网技术　　　　　　　　　　　D．移动智能设备技术

（2）下列选项中，（　　　）属于产品规划期间需要完成的工作。

    A．市场与行业研究　　　　　　　　　B．数据收集与分析

    C．提出发展目标　　　　　　　　　　D．建立发展规划

（3）需求处理的基本方法包括（　　　）。

    A．获取信息　　　　　　　　　　　　B．需求分析

    C．确定赢利模式　　　　　　　　　　D．做决策

（4）下列选项中，属于分析用户需求对可以使用的分析方法包括（　　　）。

    A．马斯洛需求层次　　　　　　　　　B．SWOT 分析法

    C．客户满意度模型　　　　　　　　　D．四象限定位法

（5）对不确定型决策可以采用的方法包括（　　　）。

    A．等可能法　　　　　　　　　　　　B．最小风险法

    C．最大风险法　　　　　　　　　　　D．最大最小后悔值法

（6）移动电子商务平台产品常用的结构是（　　　）。

    A．A/S 结构　　　B．B/S 结构　　　C．C/S 结构　　　D．D/S 结构

（7）产品设计的原则有（　　　）。

    A．安全性　　　　B．可靠性　　　　C．易用性　　　　D．美观性

（8）企业可以选择的网络服务方式包括（　　　）。

    A．ISP　　　　　B．服务器托管　　C．虚拟服务器　　D．虚拟空间

（9）下列选项中，属于网站内容建设需要完成的工作是（　　　）。

    A．域名申请　　　B．资料收集　　　C．页面设计　　　D．资源管理

（10）网站设计时使用的基础语言有（　　　）。

    A．HTML　　　　B．ASP　　　　　C．JSP　　　　　D．JavaScript

（11）产品经理人的专业能力包括（　　　）。

    A．行业及业务知识能力　　　　　　　B．产品规划能力

    C．产品设计能力　　　　　　　　　　D．学习能力

3．判断题

（1）随着移动电子商务的逐渐兴起，移动电子商务产品将逐渐淘汰各种类别，只剩下若干主流产品垄断市场。（　　　）

（2）产品规划时，应充分权衡需求的迫切度、需求的量级、成本收益率、风险性等因素，才能有效地给予企业决策人和投资人开发产品的理由。（　　　）

（3）使用网络收集的方法获取信息时，其优点在于可以快速获取大量真实有效的相关信息，人力耗费较少。　　　　　　　　　　　　　　　　　　　　（　　）

（4）当对需求处理进行决策时，对于不确定型决策可采用多种方法进行分析，其中最小风险法是指决策者不知道各种自然状态中任意一种发生的概率，决策目标是确保避免较大的机会损失的一种方法。　　　　　　　　　　　　　　　　（　　）

（5）不把需求当需求是需求处理的一种技巧，其本质是指不要以产品的功能需求为主导，而应该以用户的体验效果为真正的需求。　　　　　　　　　　（　　）

（6）利用图表分析数据时，如果源数据是真实有效的，那么图表反映出来的效果也肯定是准确的。　　　　　　　　　　　　　　　　　　　　　　　（　　）

（7）产品规划初期肯定都有一个目标中心方向，但具体做成什么和怎么做，就应该根据现实的发展来随时调整。　　　　　　　　　　　　　　　　　　（　　）

（8）Photoshop 可以有效地进行图片编辑工作，是目前最主流的图像编辑处理软件之一，也是网页制作时较为常用的工具。　　　　　　　　　　　　　（　　）

（9）企业对产品经理职能的要求很高，同时产品经理在不同阶段的职能可能是非常不同的。　　　　　　　　　　　　　　　　　　　　　　　　　　（　　）

（10）品牌背书是指应聘者需要具备较好的教育经历和工作经验。　　（　　）

4．案例阅读与思考题

APP 产品设计的几则成功案例

一、Findwine 红酒公司安卓 APP

Findwine 红酒公司 APP 主要是由酒商共同集结而成的酒类平台，方便顾客找寻葡萄酒。顾客无需记住任何酒名和关键字，只需要在 Findwine.com.hk app 内作一两个简单选择，便可找到酒铺和葡萄酒。该 APP 功能如下。

（1）优惠分类：提供试酒会推介、附近优惠和折扣信息。

（2）店铺优惠：提供商家各种优惠。

（3）地图搜寻：搜索附近商家的信息。

（4）反馈计划：通过 APP 积分换取礼品。

（5）酒类搜寻：按酒的品种搜索酒，并展示酒的详细介绍。

二、香港丰泽电器 APP

丰泽创立于 1975 年，为和记黄埔有限公司旗下屈臣氏集团的零售业务之一，现时共有逾 90 家分店遍布全香港，雇用员工超过 1600 名，是全香港最具规模的电器连锁店之一。该 APP 加入了推广方案，其主要功能包括以下几点。

（1）会员专区：易赏钱会员查看会员积分，专享优先登记服务，最新换购优惠一目了然。

（2）最新推广：最新科技信息，丰泽推广及独家优惠。

（3）产品：热卖产品及产品小提示。

（4）店铺位置：搜寻最接近客户的丰泽店铺。

（5）抽奖登记：全新大抽奖登记服务，方便顾客凭购物收据参加日后之大抽奖活动。

三、Tupperware 特百惠 APP

Tupperware 特百惠，全球著名家居用品品牌，总部设在美国佛罗里达州奥兰多市，超过 70 年历史，产品畅销全球 100 多个国家和地区，在 15 个国家设立了生产基地，如美国、中国、法国、澳大利亚、韩国等。该 APP 无论是在设计上还是用户体验方面都非常优秀，其特色功能如下。

（1）杂志架：特百惠会员专用杂志，以高清大图展示特百惠产品与生活的结合。

（2）食谱大全：提供最新的食谱，一步一步教会用户做菜。

（3）健康水世界：集成了水闹钟，提醒用户定时喝水，提供了丰富的水知识，让大家都知道水的重要。

（4）互动天地：接干活游戏，通过游戏让客户更清楚特百惠产品使用方式。

（5）分店地图：全国接近 4000 家分店的位置显示，集成路线导航，附近显示，提醒功能。

结合上述案例资料，思考下列问题。

（1）以上案例中，包含了移动电子商务产品的哪些设计原则？

（2）移动电子商务产品设计的基本原则有哪些？

（3）怎样对移动电子商务应用产品进行更好地规划？

（4）如果移动电子商务网站的建设，需要涉及哪些流程？

（5）产品设计经理需要具备哪些能力？如何成为优秀的产品经理？

第4章

移动电子商务用户体验优化设计

学习目标与要求

了解用户体验在设计移动电子商务产品过程中的重要性，通过案例的形式掌握移动电子商务网站和 APP 在设计每个页面时如何做好用户体验。

【学习重点】

- 移动电子商务网站流程设计详解
- 移动电子商务之 APP 用户体验设计详解

【学习难点】

- 移动电子商务之 APP 用户体验设计的具体知识

【案例导入】

亚马逊的电商成功经验

亚马逊在移动领域的移动站点和 APP 都非常成功，经过归纳总结，可以从以下几方面来看看它的成功经验。

（1）便捷的重复购买。亚马逊的一键式支付方式对其成功有莫大的推动作用，让购买变得极为简单从而激励用户不断回来。通过记下用户的信用卡信息和投递地址，于是用户只需输入用户名和密码即可完成购买。零售商能够将结账流程尽可能简化是非常重要的。

（2）在移动站点和 APP 间保持体验的一致性。尽管不是一模一样，但亚马逊的移动平台拥有相似的设计，这样用户使用的时候就会相当舒适。如购物篮和搜索功能放在相似的位置，同时在首页显示推荐产品等。

（3）大的购买按钮。移动的鼓励购买按钮一定要大，鲜艳的颜色和显眼的位置也非常重要。理想的情况下还应该能够制造急迫感让用户直接进入结账环节。

（4）搜索预测。亚马逊的站内搜索性能排名第一，在搜索结果的相关性方面，亚马逊同样表现得很好：提供了多种过滤选项，而且能够智能纠错，能减少用户输入词的时间，减少因为输入错误而引发的挫败感。

（5）APP针对所有平台。很多零售商的移动策略仅仅针对iPhone，尽管Android平台所占的份额超过50%。其中一个原因是iPhone用户的价值更高，另外也是因为针对IOS设计比较容易，但是亚马逊却针对所有平台推出了APP，包括黑莓和Windowsphone。

（6）优秀的产品页面。在手机上设计页面是一种艺术，提供用户购买所需的信息且显得不那么拥挤，具有吸引力、说服力。亚马逊的一个优秀页面设计是用户评论，因为研究发现88%的用户总是或经常依靠评论来购买，60%的人更乐意在有评论的站点购买。

（7）个性化触点。不管在APP上还是在移动站点上，如果有账号，亚马逊都能够欢迎客户到达首页。个性化触点也延伸到产品推荐，亚马逊在其移动站点和APP上展示推荐信息，可以帮助用户快速找到想要的商品，鼓励冲动购买。

启示：用户体验是移动电子商务的核心，也是移动电商产品能否具备竞争力，而能够在市场中生存的关键所在。将用户体验做得越好的移动电商，成功的概率也肯定更高。

📶 4.1 移动电子商务用户体验概述

在互联网时代，产品是否能够成功，用户体验越来越关键。当用户购买或使用了产品后，用户体验之旅就正式开始了，而用户的体验之旅是否愉快，将直接影响到产品口碑，进而影响产品的生存前景。

4.1.1 用户体验的含义

用户体验（User Experience）是一个涉及范围很广的跨学科交叉概念，指的是在用户使用移动电子商务的过程中，对相关业务的功能、界面、交互性、信息便捷性等相关服务的心理感受。用户体验是一种纯主观的在用户使用一个产品（服务）的过程中建立起来的心理感受。计算机技术和互联网的发展，使技术创新形态正在发生转变，以用户为中心、以人为本越来越得到重视。同时，用户参与创新，以用户至上的观点作为基石是用户体验的关键。

用户体验是决定产品或交易成败的关键。举例而言，国外某公司经研究调查指出，有 68% 的移动设备用户曾尝试在手机或平板电脑上进行交易，但同时有 66% 的用户未完成交易，原因均是因为交易过程太过麻烦。移动电子商务要想提高交易率，首先就应该简化交易流程，如减少输入操作、重复操作和个人信息输入操作等。就目前而言，在移动电子商务平台交易这方面的用户体验已有了明显的改善。

移动用户数和手机使用量都在逐年增加，随着越来越多的用户使用手机完成交易，影响移动用户体验的各个要素，便成为值得关注的焦点。移动用户体验的复杂性源于移动设备的特性，主要包括小屏幕、设备特性的巨大差异、电量和网络的限制、位置定位又永远在变化的移动使用场景。

4.1.2 影响移动电子商务用户体验的十二大要素

影响移动电子商务用户体验的要素很多，归纳起来有十二大要素，如图 4-1 所示。

图 4-1　十二大影响移动电子商务用户体验的要素

1. 功能

功能是指帮助用户完成任务、实现目标的工具和特性。为提高用户体验，移动电子商务产品的功能应具备以下条件。

- 优先考虑和展示其他平台上与移动环境高度相关的核心功能。如航空公司，应具有航班状态查询和自助登机功能。而对于购物分享类的移动电子商务产品，用户更关心的是产品使用者的评价。

- 提供移动设备特有的功能（如条形码扫描和图像识别），必要时利用设备的硬件能力增强功能特性，从而提高用户的参与感及乐趣。比如在一些饭店，用户扫描二维码后，可以获得有惊喜的小礼品或折扣。

- 优化移动设备基本功能和内容。例如，查找商店时显示最近的商店，并确保点击号码便能与商店通话。

- 提供与业务相关的功能。对于零售网站和 APP 来说，主要包括产品搜索、订单状态和购物车等功能。

- 提供所有平台都会有的关键功能。无论在何种设备或平台上，注册用户应该看到他们的个性化设置。如果移动端没有某些功能，那么要将用户引到合适的平台上，如 TripIt 引导用户去 Web 端设置个人网络。

2．信息架构

信息架构在用户体验上至关重要，为优化用户体验，移动电子商务产品应具备以下用户体验设计。

- 起始页应该优先考虑用户需求，展示产品主要特性和功能链接。起始页中提供了主要导航模式和辅助导航模式的样例，其中主要为垂直导航，而非桌面端网站的水平导航。

- 将用户导航至最重要的内容和功能时，所需点击次数尽可能少。因为每一个附加的层级意味着更多的点击、更多的页面加载和带宽消耗。

- 要同时考虑触摸屏和非触摸屏用户的导航需求。当为触摸屏设计时，需确保导航项的点击区域至少有 30 个像素的宽度或高度。而对于非触摸屏手机，需提供按键快捷键，这样用户可以通过输入 0～9 中的一个数字来快速访问。

- 提供导航提示让用户知道他们在哪里，如何返回，以及如何跳转到开始的地方。"移动面包屑"常被用于取代"返回"按钮，它用标签的形式展示了用户是从哪部分或类别而来。对于移动网站，尤其是当每个屏幕上的导航都不重复的时候，可使用标准规范，如"HOME"图标链接到首页。

- 使用简洁、明确、一致和描述性的标签作为导航和链接。这是一个很有用的设计，尤其是在小型移动设备上更为重要。

提示：　"移动面包屑"即面包屑导航，这个概念来自童话故事，在不小心迷路时，通过在沿途走过的地方撒下面包屑，然后通过这些面包屑来找到回家的路。所以，面包屑导航的作用是告诉访问者他们目前在网站中的位置及如何返回。

3．内容

移动电子商务用户体验设计在优化方面，应考虑内容的多样性、兼容性，同时要尽量控制需耗费流量的内容，具体如下。

- 能为用户提供信息的、以不同样式存在的多种类型的内容，比如文本、图片和视频。
- 提供适当而大众的内容给用户（如产品信息，社交内容，指导和支持的内容，营销内容）。
- 若多媒体在移动环境下对用户的操作有帮助，能增加内容价值或支持该网站的目标，就应该使用。大多数时候，当用户需要消遣娱乐（如查看新闻或有趣的片段）或指导（例如，如何使用 APP 或新功能）时，提供多媒体内容是最好的选择。
- 让用户控制多媒体。不要自动播放视频或音频，允许用户跳过或停止多媒体内容，让用户知晓多媒体内容占用的带宽。
- 确保内容适用于移动环境。正如从印刷转化为互联网文章使用的分块规则，应该缩短移动设备上的文章，以使用户能在较短的注意力集中时间内读完。为移动设备优化图像和媒体，也就是在小设备上等比缩小图像和媒体内容，并确保图像在移动设备上足够清晰。
- 确保主要内容是目标设备支持的格式，无论任何平台，只要设备能够访问，就不要出现无法加载的情况。

4．设计

设计主要是指视觉呈现和互动体验，包括平面设计、品牌包装和排版，其用户体验优化的建议如下。

- 移动化不是小型化，移动设计并不仅仅是完全移植台式计算机的设计。
- 为了预览和快速扫描而设计，预览设计指的是视觉设计如何能快速、轻松地传达信息。
- 通过色彩、排版和个性化设计，在视觉上保持设计元素和体验（手机、应用程序、网络、印刷和现实世界）的统一。
- 引导用户从最开始最突出的元素着手，帮助他们完成任务，这就是所谓的视觉流。一个好的设计既包含视觉元素，还包含信息结构、内容和功能，以传达品牌形象、引导用户。
- 设计过程中需考虑纵向和横向的设计。越来越多的设备能支持多个方向，并自动调节以适配到用户的物理方向。当用户改变设备方向时，确保用户的位置位于画面中。如果方向变化后有附加或不同的功能，需要明确指示，图 4-2 所示为 ING 在这方面所做的设计。

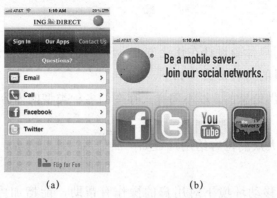

（a）   （b）

图 4-2　同一电子商务产品在纵向和横向操作时的不同设计

5．用户输入

用户输入主要是指用户输入数据的难度。移动电子商务产品应尽量降低移动设备上输入数据的难度，同时避免双手操作，具体优化设计如下。

- 限制必填部分的输入，可以通过限制登记表使其只包含最少的必填部分。尽量在可能的情况下替换为更短的内容，以减少输入量，图 4-3 所示为大众的试驾预约表格，移动版必填的字段比桌面版还多（高亮部分显示为多余字段），这就不利于用户体验。

- 尽可能显示默认值，它可能是用户最近所选项（如机场或火车站）或是常选项（如检查飞行状态时选择当天日期），如图 4-4 所示。

- 在可能的情况下，根据设备特性提供备用输入机制，APP 可以利用设备内置的很多输入机制，包括手势、摄像头、陀螺仪和声音，但移动网站才刚刚开始使用这些特性，尤其是地理位置。

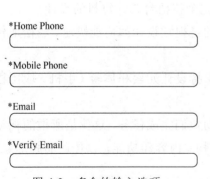

图 4-3　多余的输入选项　　　　　　　图 4-4　使用默认值减少输入

- 使用适当的输入机制，并且显示合适的触摸式键盘，以减少用户的切换，如图 4-5 所示。对于无需过度保密的 APP，允许用户保持移动设备上的登录状态，并保存电子邮件地址和用户名等信息，因为手机往往是个人设备，不像平板电脑往往由多人共同使用。

- 考虑提供自动匹配、拼写检查和预测技术，让数据输入更加容易并减少错误，必要时数据可恢复。应禁用一些不恰当的功能，如验证码的输入。

默认键盘　　　　　　　输入电子邮件时的键盘　　　　　输入网址时的键盘　　　　　输入电话号码时的键盘

图 4-5　不同输入情景下键盘可以自动调整

6．移动情景

移动情景指的是用户使用时的环境和状态，也就是任何可以影响用户与设备进行交互的内容。因此由于这些情境持续而快速地变化，对移动设备而言就显得尤为重要。在考虑用户分心、多任务、手势操作、低电量条件和糟糕的连接环境的同时，也要考虑极端好的情景。优化移动情景设计的建议如下。

- 根据设备功能和硬件能力来预测和支持用户的使用情景。如 iCookbook 应用中，用户可以用语音来查看食谱，不用担心一边做菜一边使用食谱而导致分心的情况。
- 根据一天不同的时段或用户使用过程来适应情景的变化。如 Navfree GPS 应用能在白天、夜间模式下自动切换，夜间采用低眩光的地图，保证开车安全，如图 4-6 所示。

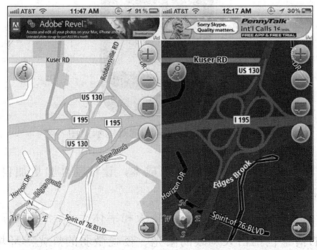

图 4-6　根据一天中的不同时间段自动调整显示模式

- 判断用户当前位置并展示附近相关的内容和帮助。如用户在移动设备上用 Google 搜索电影，可以搜到附近正在热映的电影以及当天的电影场次，甚至还可以提供购票的范围。

- 权衡用户提供的信息，并且尊重用户的喜好和设置。如在完成多线航班的第一站后，TripIt 应用可以展示下一个航班、登机信息及必须要花费的时间，而 United 应用并没有相关服务。

- 默认为用户提供最合适的体验，但还要提供高级选项。比如一种适合小屏幕的移动体验，也可能是适合平板电脑的桌面产品体验。

7．可用性

可用性指的是全面衡量信息架构、设计、内容和其他元素是否能让用户很好地完成任务的标准。优化可用性用户体验的建议如下。

- 让用户清晰地知道什么是可选的、什么是可点击的或可滑动的，尤其是在触摸屏设备上更应明确这些操作。务必要确保可点击的内容是清晰的，如链接、图标和按钮，同时让用户一看就能知道这些对象的操作方法。

- 在触摸屏上，确保点击对象的尺寸和位置以避免误操作。另外将点击对象放在合适的区域也很重要，如把"删除"等具有破坏性的功能对象放在图 4-7 所示的"REACH"区域，即用户触碰几率更小的区域。

图 4-7　手机触碰区域难度示意图

- 遵守规范和模式来减少用户的学习成本，让移动体验更加自然，即 APP 的设计应该遵守特定平台规范标准和指南。

- 通过设计元素，如对比度、颜色、排版和字体大小，来确保产品在情景变化下的可用性，变化的情景包括白天刺眼的阳光、夜晚微弱的灯光等环境，以及改变设备的物理角度和朝向时的使用环境。

- 不要依赖那些不被移动设备广泛支持的技术，如 Java、JavaScript、Cookies、Flash、Frames、弹出框和自动刷新等。当需要打开一个新窗口，或者从应用跳转到网页上时，要提醒用户避免重新加载已打开的页面。

8．信任感

信任感即用户使用移动网站或 APP 的自信心、信任感及舒适度。根据研究发现，隐私和安全是智能手机用户最关心的两个问题，如图 4-8 所示。因此在优化用户体验设计上，应按以下建议增强用户的信任感。

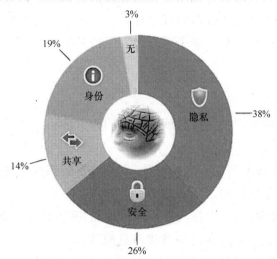

图 4-8　使用移动电子商务产品时用户最关心的问题

- 在未经用户明确许可下，不要使用移动设备里的个人信息，如地理位置和通讯录等。
- 让用户轻松掌控 APP 如何分享个人信息的操作，如访问位置前询问用户，允许其退出目标广告。
- 在合适的情况下，清楚地阐述公司的商业行为，包括隐私、安全和投资回报（如在注册页面告知隐私和安全条款）。这些条款应作为次要元素出现（如可以放在底部栏或是"MORE"标签里）。通过显示受信任的标记来加强用户的信任感，尤其当用户需要提供个人或财务信息时。
- 在移动设备上适当地为用户提供条款，包括简洁的概述和是否发送到邮箱的选项。众所周知，隐私和安全条款通常冗长而无趣，用户往往都会盲目地点击同意，因此要尽量让这个过程容易一些。
- 当提供条款的时候，不要打断用户的任务流程。在被打断之前，让用户返回到之前的位置，而不是重新开始。

9．反馈

反馈指的是如何吸引用户的注意力及如何展示重要信息，具体优化建议如下。

- 将提醒次数降低到最少，确保每一次的提醒都提供了重要的信息和有用的选项。
- 确保提醒简短而清晰，解释为什么会有这样的提示，用户可以做什么。另外，

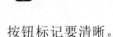
按钮标记要清晰。

- 消息提示应该简短而具有告知性，不要干扰用户的操作，并且易被操作和便于用户离开。

- 在界面上提供的反馈和确认信息不要打扰用户的操作流程。

- 如果这个 APP 有消息标记或是在状态栏上有提醒，就要保持这个标记和消息的更新。当用户添加新消息时要清除这个标记。当用户访问到消息标记时提醒要被清除，即使用户还没有发现究竟是哪个账号触发了消息提醒，这也会迫使用户一个个账号去试探。

10．帮助

帮助指的是能帮助用户使用网页或者应用的相关选项、产品和服务，优化帮助的用户体验建议如下。

- 让用户能轻松进入帮助和支持选项。用户通常会在移动网页的底部和应用的工具栏，或 Tab 栏寻找帮助选项。

- 帮助的形式要多样化，尽量与移动应用场景相关，比如自助服务式的常见问题，现场帮助式的点击通话，接近实时的直接消息推送等。

- 在用户首次进入应用的时候，提供快速的介绍和简短的教程，但也要提供跳过和稍后查看的选项。

- 首次引入新的或者特别的功能时，需要提供给用户情景化的帮助和提示，这也是对不经常使用的功能的回顾。

- 在合适的情况下，提供视频指导，但是要允许用户可以按自己意愿开始、暂停、停止和控制音量，并综合考虑前面关于"内容"一项中提到的多媒体相关规范。

11．社交

社交指的是有社交元素的内容和功能，从而让用户在已有的社交网络上进行分享和交互，具体优化建议如下。

- 创建和维护社交网络和本地服务（如综合的服务页面，像百度地图里的标注位置信息）。在搜索结果和基于位置的社交网络服务中重点突出其相关内容。

- 将社交活动和移动体验进行融合，如在网上展示最新活动，提供简单的方式进行添加关注或表示喜欢的操作。

- 将社交网络的特性与网站的移动体验进行融合，用户可快速连接社交网。

- 邀请用户使用移动设备创建能展示自己相关信息的内容，并提供一些激励作为回报。

- 让移动端的内容可以被分享和病毒式的传播。

- 依靠用户创建内容的 APP，应该要探索出一套让初始内容有用并最终能进行不断维护的方法。

12. 营销

营销指的是让用户发现一个网站和应用的途径，以及鼓励用户反复使用的因素，优化营销的用户体验设计建议如下。

* 通过优化移动端搜索和发现来确保产品的可寻性，如保持 URL 简短。同时在移动搜索结果里，提供快速访问本地内容的入口（如当前位置的方向）及系统自带功能（比如快速拨号），如图 4-9 所示。

图 4-9　利用搜索引擎搜索产品

* 二维码的出现让移动设备的登录得到很大的优化，不需要到传统的需要放大才看清楚的页面上，更加不需要到网站首页上寻找登录入口。另外，附在产品上的二维码应该清晰明确，这样移动设备才能辨识和解读。

* 给用户发送的邮件应当是移动设备支持的格式，内容应该包含一条可以查看产品相关信息的链接，而不要回到设备自身的网站首页上去。

* 可能情况下，在其他平台上（如电视、纸媒、店内广告）推销 APP，并且采取打折等方式激励用户下载使用。如果 APP 有价格标签，那么可以在过度拥挤的市场中通过限时促销来吸引用户，也可以通过每日限免市场来吸引用户。

* 提示使用过 APP 的用户进行评价打分，或是分享到社交平台，但是要给延迟或停止提示的选项。

4.1.3　基于移动用户调查结果的电子商务五大对策

通过对随机调查的 100 名移动电子商务用户在网购的目标、网购时考虑的因素，以及放弃网购的原因进行统计后，可以对用户网购的一些基本情况有所了解。表4-1、表4-2、表4-3所示分别为统计后的数据。下面将利用这些移动用户的调查结果来谈论关于移动电子商务的相关对策。

表4-1 参加过手机网购的人的主要购买目标调查表

项目	人数	比率（%）
服饰类	89	89%
食品、餐饮类	27	27%
书籍影像类	63	63%
数码产品类	49	49%
美容、化妆品类	51	51%
家居日用品类	34	34%

注：因为是多选题，统计的总人数会超过100人，比率也会超过100%

表4-2 手机网购消费者在网购选择上考虑的主要因素

项目	人数	比率（%）
页面设置是否简洁大方	49	49%
产品的多样性及新颖性	34	34%
支付方式安全性	67	67%
购物流程的便捷性	49	49%
商家信用度	51	51%
同学、网友评价	34	34%

注：因为是多选题，统计的总人数会超过100人，比率也会超过100%

表4-3 移动用户放弃网购的原因调查情况

项目	人数	比率（%）
用户界面过于花哨	21	21%
导航繁杂凌乱、含混不清	56	56%
注册过于繁琐	47	47%
购物流程繁琐复杂	51	51%
缺乏支付导航，无法顺利完成支付	57	57%
支付方式单一	42	42%

注：因为是多选题，统计的总人数会超过100人，比率也会超过100%

1．用户界面设计应该简洁、人性化

根据对用户喜欢的购物网站界面设计的调查，48%的用户表示图文不分主次，设置简洁的图文导航是他们最喜欢的网站设计风格。移动电子商务主要依赖于手机、掌上电脑、个人数字助理等无线通信设备，通信设备客户端界面与广大用户发生直接联系，界面的视觉效果和可用性是能否给用户留下良好印象的关键。这就需要优化功能布局，并保持各功能结构清晰、简洁美观。

2．导航设计应该高效，使用愉悦

导航全面并不代表合理。根据问卷调查的统计，61%的用户认为导航过多，显得比较混乱，而且很多功能是根本用不到的；14%的用户表示他们很容易迷路，找不到之前浏览过的界面，非常困惑；19%的用户认为凌乱不堪的导航设计常常让他们不知道下一步该怎么做。因此，导航设计应当遵循以下原则。

- 网站导航设计简洁、精准。
- 重视导航的注释功能。
- 对于图标要添加释义，使用户能够一看便知。

3．移动电子商务的界面登录和注册设计简便

调查中47%的用户反映注册繁琐是他们不能忍受的，注册设计简便性直接关系着用户对该产品的喜爱程度。首先，借鉴手机淘宝的快捷注册功能，大力发展快捷支付，用户只需要输入用户名和密码便注册成功，省去以往地址、邮箱、联系方式等繁琐的注册方式。其次，严格保密用户个人信息，并告知用户注册的好处，引导用户注册。对用户而言，注册是一项费时费力的操作，尤其担心个人信息是否会遭到泄露，网站应当在注册旁边设置简短公告，告知注册的种种好处，还应当明确保证对用户信息严加保护，消除其担忧心理。

4．简化购物流程设计

调查显示，51%的用户表示会因购物流程复杂繁琐而放弃网购。事实上，对于用户而言，尽可能简单化的购物流程是其所期望的。以淘宝为例，手机淘宝的支付流程设计得很方便，支付宝和账户是捆绑的，只要点击付款并输入密码就完成了，淘宝还开通了短信支付功能，只要发个短信就行，非常方便。

5．支付流程设计安全便捷

支付流程设计安全便捷主要包括支付手段的种类应该较多，以提高用户选择的灵活度。同时应减少用户在支付时的各种输入操作，如采取快捷支付的方式进行交易。另外，无论采取哪种支付方式，支付步骤都应该简单明了，让用户可以放心和轻松地使用。图 4-10 所示分别为淘宝和京东的支付流程。

图 4-10　淘宝与京东的支付流程

4.1.4　移动电子商务该如何提升用户体验

移动互联网时代，用户体验是项目成功的核心竞争力。如果用户体验好，用户就会扩大，流量就会增加，就会吸引更多的产业链合作伙伴，提供的产品和服务就会更加丰富，消费者就有了更多更好的选择，这样也就会进一步提升用户体验，从而形成业务发展的良性循环。

用户体验主要包括两方面：一是直接与用户交互的过程，这涉及 UI、APP 响应速度等；二是内容与 APP 背后的服务，即线上线下的立体式体验，侧重整体运营方面。通过 APP 和移动互联网将电子商务提高的服务迅速落实，并能够提供定制化的服务，包括要有吸引目标群体的货可卖、尽可能多的支付手段、快速安全的物流体验、售前售后流畅及时的沟通手段和响应、提供各种实时信息跟踪的可能性、根据每个客户进行内容定制等。具体而言，移动电子商务可以从以下几个方面来提升用户体验。

- **满足客户核心需求是提升用户体验的核心**：把握并理解用户的核心需求是什么，围绕这个中心去开发产品。如果企业开发的产品不能很好地解决客户的问题，那么产品设计再好、UI 设计如何美观，也无法留住和吸引更多的用户。

- **将用户体验贯穿产品的整个流程**：一切从用户的角度出发，不用去刻意追求当今流行元素，不用一味的追求全面、宏大、包罗万象的功能，只从用户的角度出发，一切以用户为中心，根据用户需求的变化进行产品的持续改进。

● **简单就是美**：去掉一切华而不实的功能，要更多地关注客户的想法和需求，专注于简单易用，让复杂问题简单化，把产品做到更精致，这样才会更有价值。

● **注重细节**：细节决定成败，从产品细小细节入手，不断持续优化，从而取得巨大的成功。要开发令用户满意的产品，需要创新，但创新不一定是"以大为美"，绝不能忽视每一个细节，只有重视细节，并从细节入手，才能做到精益求精，取得有效的创新。

4.1.5　移动电子商务网站的用户体验优化细节

就移动电子商务网站而言，可尝试以下建议进行用户体验的细节优化。

（1）了解网站用户、潜在顾客及顾客是谁。自己的设计和建设的营销型网站，用户喜欢才是最关键的。通过营销型网站的设计和建设，首先让用户了解品牌、产品和服务，同时也要让用户知道网站是了解他们的。

（2）电子商务网站的电脑版很重要，移动版也很重要。移动上网设备越来越流行，给对方提供一个和电脑版体验一样优秀的电子商务网站移动版，对于留住用户来说功不可没。比如网站如果是用 WordPress 博客程序搭建的，那么移动端建站时就可以使用 WP-Touch 这个插件程序。

提示：WordPress 是一款个人博客系统，并逐步演化成一款内容管理系统软件，它是使用 PHP 语言和 MySQL 数据库开发的。用户可以在支持 PHP 和 MySQL 数据库的服务器上使用自己的博客；WP-Touch 是基于 WordPress 平台开发的插件，专门为苹果、安卓、黑莓等触摸屏移动设备量身定制，可以实现移动端访问博客时自动转换成适合移动设备访问的界面。

（3）网站 URL 地址改变了也要更新，尽量不要跳转到 404 页面。如果 404 错误太多，这不能不说是对用户体验的伤害，301 重新定向也是一个不错的方法。

提示：404 页面是客户端在浏览网页时，服务器无法正常提供信息，或是服务器无法回应，且不知道原因所返回的页面；301 重定向是一种自动转向技术，是网址重定向最为可行的一种办法。当用户或搜索引擎向网站服务器发出浏览请求时，服务器返回的 HTTP 数据流中头信息（header）中的状态码的一种，表示本网页永久性转移到另一个地址。

（4）网站内容尽量少使用专业术语。如果必须有，不妨像维基百科那样做个问答机制的页面，这对营销会起到一定的帮助。

（5）对电子商务网站做必要的搜索引擎优化。网站除了具备必须的营销功能，在不妨碍用户体验的前提下，对关键词布局也是很重要的环节。

（6）电子商务网站可以融合社交元素，比较常见的包括社会化登录、社会化评论和社会化分享等功能。

（7）电子商务网站不能使用 Flash 对象。Flash 会让网站的加载速度变慢，同时在移动设备上也打不开 Flash。另外，Flash 文件里的内容搜索引擎无法识别。

（8）电子商务网站没有"抓潜"注册表单，即指电子商务平台没有注册功能、没有登录系统等可以收集用户信息的功能，这会导致丧失绝大多数的用户。因此搭建移动电子商务平台需要建立"抓潜"注册表单。

（9）电子商务网站除了营销测试之外，也需要可用性和用户体验测试。

（10）测试电子商务网站在不同浏览器的兼容性。应尽量做到在主流移动电子商务浏览器中不会出现兼容问题，包括谷歌 Chrome 浏览器、苹果 Safari 浏览器、火狐 FireFox 浏览器和微软 IE 系列浏览器等。

（11）保证电子商务网站的安全性，确切说就是网络安全。做必要的安全防护措施很重要，只有网站的各种操作环境安全，用户才愿意访问这个平台，并成为该平台的忠实使用者和传播者。

4.2 移动电子商务平台流程设计详解

移动电子商务平台主要是指手机 WAP 网站，本节将通过对这类网站的首页、商品列表页、商品详情页和购物车等项目的设计讲解，来介绍移动电子商务平台流程设计的大致思路和方法。

4.2.1 移动电子商务网站的首页设计

首页是用户进入网站或 APP 看到的第一个页面。通常来说，人的第一印象决定了大部分的主观感受，因此首页内容设置及布局是否合理直接影响用户的行为。首先除了具有传递网站形象、明晰网站架构的基本要素外，最重要的是可以帮助用户找到想要的内容。移动电子商务网站首页设计的宗旨在于功能完善、简明扼要、可扩展性（抽屉隐藏模型）、节省空间等。

一般来说，移动电子商务网站的首页元素主要包括 LOGO、购物车、搜索、轮播图片、首页商品、类目、导航条、登录系统等。

1. LOGO

LOGO 指徽标或商标，是企业的标识，起到识别和推广企业的作用。通过形象的 LOGO 可以让用户记住公司主体和品牌文化。在移动电子商务网站中，LOGO 能告知用户当前所访问的电子商务网站，是必不可少的设计元素之一。一般而言，LOGO 都被设计在网站左上角或网页中间的位置，如图 4-11 所示。LOGO 尺寸大小要适当，过大会占用过多的有限空间，过小不容易识别。

(a)

(b)

图 4-11　LOGO 在电子商务网站中的位置

2．购物车

运营电子商务网站时，想要提高转化率，首页的购物车功能是必不可少的。购物车的优化是整个营销流程的最后一个重要流程，首页设计可以应按以下建议执行。

- **放入购物车按钮必须十分明显**：在不破坏页面均衡美观的前提下，"放入购物车""加入购物车"等功能尽量使用颜色突出的大按钮，如果是白底黑字，按钮可以用红色、黄色等比较有视觉冲击力的颜色，让用户第一眼就能看见，如图 4-12 所示。

- **购物车按钮文字要恰当**：购物车文字一定要符合用户体验并起到转化的作用。比如使用"立即购买"可能会对网上购物的新手用户产生一定的压力，使用户误以为点击按钮以后就必须购买；相反，大部分用户对"放入购物车"文字的感觉比较轻松，如图 4-13 所示，感觉类似在逛超市，放入购物车后还可以继续浏览或把产品拿出购物车重新选择。

图 4-12　醒目的"加入购物车"按钮

图 4-13　"放入购物车"按钮

- **具备随时放入购物车的功能**：网站上应该有方便用户随时把产品放入购物车的文字按钮，可以在产品介绍页的最上端，如在价格、型号、产品名称处，也可以在简要说明的旁边放上购物车的按钮，如图 4-14 所示，还可以在产品的描述结束后再次显示购物车按钮，这是非常好的用户体验。

- **具备编辑购物车的功能**：购物车一定要具备允许用户随时随地编辑购物车内容和修改要购买产品的数量、颜色、尺寸等功能，应该允许用户在购物车内直接进行编辑，而不是删除产品重新去选择产品的颜色、尺寸等，如图 4-15 所示。

图 4-14　随时随地加入购物车

图 4-15　在购物车中直接编辑

3．搜索

搜索是用户基本都会用到的操作，此功能也应该出现在网站首页，便于用户快速查询到需要的商品。对搜索功能的设计来说，应该尽量让用户减少输入量，比如使用智能搜索关键词的功能，节省用户的思考时间和输入时间。当用户输入字符时，能动态匹配网站现存的词语列表，点击列表中的某个词语，就会立即对它进行搜索，如图4-16所示。

另外，通过保留用户的搜索记录或提供热门搜索关键词等功能也可有效地减少输入量，如图4-17所示。一些网站还提供有语音搜索的功能，这些设置的目的都是为了更方便用户进行搜索操作，提高用户体验效果。

图 4-16　智能搜索效果

图 4-17　热门搜索

4．轮播图片

轮播图片是指在网站的某个区域，以轮换播放的方式，展示多张图片的功能。网站中使用轮播图片不仅可以提升单位面积利用率，丰富单位面积下的展示信息，同时还能增加用户操作趣味性，如图4-18所示。

需要注意的是，轮播图片区域的图片数量不宜太多，不要只为了丰富产品展示的内容，而设置大量的图片在轮播区切换，这样会让用户觉得枯燥无味，减少观看的兴趣。另外，图片切换的效果不宜太过花哨，以简洁大方为基本原则，否则容易引起用户的视觉疲劳和增加网站的运行负担。

(a)

(b)

图 4-18　向左推拉切换的轮播图片效果

5．首页商品

电子商务网站首页展示商品的区域，应尽量以图文并茂的方式显示内容，让用户通过最直观的方式了解网站中的各种类别的商品，如图 4-19 所示。对于图片的使用，可以按以下建议设置。

图 4-19　图文并茂的首页效果

- **图片清晰明了**：商品图片的内容一定要清晰明了，这样不仅便于用户识别图片信息，也会提高用户的购买兴趣，高质量图片会在潜意识中得到用户的心理认同。
- **图片尺寸不要过大**：保证图片高质量的情况下，要防止图片尺寸过大，这样不仅会占用更多的版面空间，同时会增加服务器负担。如果一定需要大尺寸的图片，可尝试放置一张较小的图片，然后提供查看大图的功能。
- **图片体积不要过大**：在相同质量和相同尺寸的前提下，图片格式决定着图片体积，目前常用的图片格式包括 JPEG、GIF、PNG 等格式。对于电子商务网站来说，产品图片的质量要求极高，JPEG 格式有相对高质量的图片显示且不会占用太大的体积；GIF 格式可以用作动画或装饰性小图；对于体积很小的图片，如"5K，PNG"可以在体积很小的情况下依然不会让图片失真，且完美支持透明背景，同时也擅长处理简单的装饰图。

6．类目

类目是移动电子商务网站首页的产品重要分类，是用户进行购买的最主要入口之一，应设置得简洁醒目、方便易用。图 4-20 所示为不同电子商务设计的首页类目效果。

7．导航条

导航条是非常重要的首页元素，移动电子商务平台的导航内容至少应包含首页、分类（或搜索）、购物车、账户等基本功能，并具备内容精简、图文结合、功能完善、有可扩展性等特色。具体而言，网站首页导航条的设计建议如下。

- **建立位置感**：要想让导航发挥作用，首先需要让用户明确自己所在的位置，不管用户是从哪个页面进入网站的，都非常想知道自己所处的位置。因此，导航设计应与公司名称、网站 LOGO、背景色、整体布局的设计特色统一，保持页面标题的字体、字号、位置的协调。

图 4-20　不同类别设计效果

- **底部导航**：网站底部的导航就是常见的网站主导航，处在整个导航中最明显的位置，这是提升用户友好体验的第一步。首先，底部导航的链接必须指向最主要的几个栏目；其次，给当前页设置高亮，让用户清楚知道所在位置，如图 4-21 所示。

- **左侧导航**：设计电子商务网站时，不可能仅靠底部的几个链接就把网站结构做好，一般情况下，每个栏目下都会有一些子栏目，子栏目下又会分不同品牌，此时就需要用到左侧导航或下拉菜单，如图 4-22 所示。

图 4-21　底部导航

图 4-22　左侧导航

8．登录系统

登录系统同样是移动电子商务网站首页必不可少的元素，由于移动设备显示空间有限，因此引导用户进行登录的功能按钮应具备一定的隐藏性，即不占用其他内容的空间，又能让用户可以快速找到登录的入口。一般登录系统会放置在"我的账户"页面。另外，为了方便用户登录，可以提供多种登录的方式，如 QQ 登录、微信登录等，使用户减少了输入账号、密码的繁琐，增加了用户登录的兴趣，如图 4-23 所示。

图 4-23　设计多种方式登录

4.2.2　移动电子商务网站的商品列表页设计

移动电子商务中的商品列表页也被称为商品聚合页，作用是为用户提供更完善的商品种类选择。这类页面的最大特点就是信息量大、图片多，所以布局是否清晰合理，以及如何尽可能的压缩内容是商品列表页设计的重点部分。

1. 商品列表页的呈现方式

商品列表页的呈现方式主要有两种，即列表方式和图片方式。列表方式以文字内容为主，图片为辅，如图 4-24 所示；图片方式则以图片为主，文字为辅，根据不同的排列，图片方式又包括行列排列方式、瀑布流方式等，如图 4-25 所示。

图 4-24　列表方式

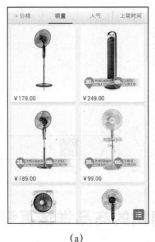

（a）　　　　　　　　　　（b）

图 4-25　行列排列方式和瀑布流方式

 提示：瀑布流又称瀑布流式布局，是比较流行的一种网站页面布局，视觉表现为参差不齐的多栏布局，随着页面滚动条向下滚动，会不断加载数据块至当前尾部。

- **列表方式**：这种方式往往会突出价格信息，并保留价格的可扩充性。根据调查分析，在列表方式中加入"立即购买"按钮后，点击量会提升 47%。同时，列表方式会常常辅以折扣、推荐、热卖、最新等营销方式，为用户提供多种浏览选择入口，提高用户的访问欲和购买欲。

- **图片方式**：这种方式文字不宜过多，排版往往更加干净整齐，在保留价格信息的同时，往往通过在图片上设计各种优惠促销内容来节省空间，同时也能让用户清楚各种商品的相关折扣信息。

2．商品列表页设计的三大出发点

商品列表页的设计同样应该以用户体验为出发点，具体而言就是能帮助用户查看、帮助用户比较、帮助用户回忆。

- **帮助用户查看**：可充分利用搜索、分类、面包屑导航等功能让用户可以更加方便地查看需要的产品信息。
- **帮助用户比较**：比较就是对产品进行排序，常见的包括按字母排序、按价格排序、按人气排序、按销量排序、按最新排序等，通过各种不同的排序方式，让用户可以按照自己的喜好查看同类产品的信息。图 4-26 所示为按价格从低到高排列产品的效果。
- **帮助用户回忆**：当产品数量太多时，为了提供流畅的用户体验，一般有两种方式来达到帮助用户回忆的目的。一种是无限制的向下滚动，自动加载浏览更多产品；另一种是通过各种翻页按钮让用户手动切换页面查看产品，图 4-27 所示为常见的翻页按钮功能。

图 4-26　按价格排序

图 4-27　翻页按钮

4.2.3　移动电子商务网站的商品详情页设计

商品详情页是电子商务网站中最容易与用户产生交集共鸣的页面，详情页的设计极有可能会对用户的购买行为产生直接的影响。因此，商品详情页面的设计会涉及运营层面，在美观实用的基础上，将要表达的信息尽可能用直观的视角展现出来，再有意识地避免设计与运营之间的冲突。

总而言之，商品详情页的设计目标就是向用户推销商品，促成更多的成交行为。

常见的商品详情页设计主要包括：将商品图片置于页面顶部，通过折叠面板整合更多信息，利用用户评论增加可信度，使用推荐产品、加入购物车等功能为用户提供更多的选择等，如图 4-28 所示。

图 4-28　商品详情页效果

4.2.4　移动电子商务网站的购物车设计

随着互联网的普及，电子商务行业已经把在线支付的用户习惯慢慢培养起来了。在整个支付流程中，购物车属于网络购物的最后一个环节，由于占据着十分重要的地位，因此购物车设计应该为了"结算流程"而设计，这要求购物车商品列表应该清晰明了，一般包括商品图片、商品名称、商品单价、商品属性、操作（修改数量，删除）等内容，即要求购物车具备结算、查看、修改、删除等功能。图 4-29 所示为两个不同电子商务企业设计的购物车界面效果。

（a）　　　　　　　　　　（b）

图 4-29　不同的购物车界面效果

📶 4.3　移动电子商务之 APP 用户体验设计

由于 APP 属于新兴的技术和模式，开发电子商务类 APP 在整个移动互联网产业链上仍属于市场需求缺口比较大的部分，这就为移动商城 APP 行业带来一个蓬勃发展的机会。如果想从众多的 APP 中脱颖而出并获得成功，最重要的突破点就是要抓住用户体验，下面就具体介绍移动电子商务中 APP 用户体验设计的相关知识。

4.3.1　给用户一个不删除的理由

目前市场上存在着成千上万的 APP，同时每年还会有数以百计的 APP 商店定期推出移动应用程序，然而这些移动应用程序大部分都不会被用户认可，经过市场和用户检验剩下的优秀 APP 少之又少。经过统计发现，APP 存在以下一个或多个问题时，用户一般会将其从移动设备上删除，要想让用户保留并使用 APP，就需要避免出现以下问题。

- **奇怪的应用功能**：开发人员应该整合应用程序的必要功能，任何偏离基本功能的应用功能都将导致用户对此应用程序失去使用的兴趣。除此之外，从用户的角度来讲，也不希望看到相同的应用程序提供不同的奇怪功能。

- **过多的广告**：如今的移动应用程序已经成为营销任何产品的完美工具，因此在很多应用程序当中都有非常多的广告。这些因素影响了用户使用应用程序的功能，将导致用户直接弃用应用程序。

- **缺乏吸引力的用户界面设计**：应用程序主题界面和背景的优良设计是很多用户选择该应用程序的重要原因之一。如果移动应用程序色调和用户界面都非常令人失望，用户无疑会主动寻找另一个更好的同类应用程序。

- **内容和字体大小**：如果应用程序主题中有使用字母、单词、图片和表达式，那么应该确保所有内容和字体大小的设计都是一致的。一旦应用程序中不同页面具有不同的内容和字体，会直接影响用户体验，导致用户将其从设备中卸载。

- **太过耗电**：用户卸载应用程序很重要的原因之一就是太过耗电，如果耗电率超过了用户可以承受的底线，那么无论应用程序的功能、界面、内容等设计得再好，也有可能被用户弃用。

- **耗费时间**：大部分用户要求使用的应用程序运行的实时速度非常快，不用花时间在加载或使用过程上。如果出现运行延迟、卡顿，甚至死机的问题时，用户也会停止使用此应用程序。

- **校准问题**：这是一个影响用户体验的重要因素，而且大多数应用程序都有屏幕翻转和校准问题，这些因素将直接影响经常使用应用程序玩游戏或看视频的用户，频繁出现校准问题时，这类用户会毫不犹豫地删除应用程序。

- **事件通知**：用户在使用一个应用程序的时候，如果不断弹出来自应用程序本身或其他消息的窗口，且应用程序本身无法设置拒绝接受通知的功能时，肯定会影响用户的使用体验，最终导致用户将其删除。

4.3.2　APP 的功能是 APP 的核心内容

APP 的功能是 APP 的核心内容，也是 APP 提供给用户的核心价值。用户花大部分的时间在 APP 上并不是为了浏览内容，用户需要的是一款有功能的 APP，而不是一款阅读软件。有了实际用途，用户才会去下载，才会热衷于使用 APP。如今的互联网已经被微博、微信、QQ 空间的各种内容充斥着，有时候用户连近在咫尺的微信推送文章都不想阅读，又怎么能指望用户去下载一个"提供专门内容"的 APP。因此，APP 营销还是应该回归营销的本质，即帮助用户解决实际问题，与用户建立良好关系以获得回报。没有人真正关心产品，关心的只是产品能解决什么问题，对于大多数用户来说，具备实用功能的 APP 才是最受青睐的 APP。

4.3.3　短时间内迅速了解 APP 的核心功能

一款 APP 的核心功能不需要很多，因为用户使用移动端设备的时间完全不同于桌面端，大部分用户都是在碎片时间内使用移动设备进行娱乐、获取信息、进行社交活动等操作，核心功能过多会导致用户使用困惑，无法在第一时间获取到这款 APP 的价值。无论 APP 名称设计得如何巧妙，也无法做到仅用一个名称就能展示程序四五个功能的程度，在这样的前提下，用户在判断这个 APP 是否"有用"或是否具有"保留价值"的时间不会超过 5 分钟，所以开发者们需要让用户在短时间内迅速了解 APP 的核心功能，并站在用户使用的角度进行逻辑功能设计，以保证用户在使用时不会产生"困惑"与"混乱"。

4.3.4　简洁但不简单

由于移动设备的显示屏幕比 PC 要小很多，加上用户使用的时间更为碎片化，因此 APP 应尽量往简洁的方向进行设计开发，如 APP 界面和按钮要简洁，操作要简单，不要罗列过于繁杂的分类，不要让用户做太多的选择，不要让用户做复杂的输入等。但这并不代表简洁的设计就是简单的设计。如图 4-30 所示，APP 可以根据用户的历史操作来推荐符合该用户喜好的商品，方便用户进行浏览、购买，也能让用户觉得 APP 非常人性化，但在这种操作的背后，需要服务器实时收集、计算、分析、调整信息，需要有非常先进的技术水平作为支撑。

图 4-30　按用户喜好推荐商品

4.3.5　传统互联网和移动 APP

就传统互联网和移动 APP 搜索商品方面，传统互联网的商品对比好比给用户一道问答题，移动互联网的商品对比则是给用户一道选择题。例如，用户在传统互联网中搜索牛仔裤，会给用户提供大量的附加条件，让用户一步步设置和筛选，如图 4-31 所示。

图 4-31　在传统互联网中搜索商品

在移动 APP 中搜索时，应该根据后台收集到的与该用户操作相关的各种信息，通过算法主动为用户推荐其想要搜索的商品，如图 4-32 所示，这样不仅能提高用户的操作效率，而且可以很好地提升用户体验。

图 4-32　在移动 APP 中搜索商品

4.3.6　不要小看 ICON 图标

ICON 是一种图标格式，用于系统图标、软件图标等，这里所说的 ICON 图标指的是移动 APP 在移动端上的启动图标，如图 4-33 所示。开发者们在 APP 中使用 ICON 时务必提示用户此 ICON 的功能与包含的信息，否则用户将不得不进行尝试与摸索。换句话说，进行 ICON 设计时效果并非是第一位，而关键在于能否让用户迅速准确地明白该 ICON 所传达出来的提示信息。

图 4-33　各种 APP 的启动图标

4.3.7　交易按钮总显示在屏幕之上

交易是移动电子商务的重要功能，交易按钮的设计会对交易操作有直接影响。以前的电子商务网站往往都是直接把交易按钮放在产品图片的下面，当用户切换页面后就无法显示交易按钮，这会影响网购的成交率，原因在于用户不想通过过多的返回操作或其他操作重新寻找交易按钮。因此，将交易按钮添加到工具栏或导航条上，用户在浏览页面时可以随时点击按钮下单就能解决这个问题。也就是说，交易按钮要总保持在屏幕的可见范围之内，甚至可以设计成红色或绿色等醒目的颜色，只要不干扰用户体验就行。

4.3.8　在移动端要使用聊天的方式沟通

移动电子商务网站进行交易时，应该尽量提供聊天功能，商家与用户通过聊天功能可以进行必要的沟通，减少交易时间。使用电子邮件、留言等方式进行交流则完全不适合移动电子商务。另外，聊天功能不仅能进行即时通信，还能通过图片、语音、视频等各种方式丰富聊天类型，提高聊天乐趣，最终增加成交率。图 4-34 所示即为阿里巴巴旗下的阿里旺旺聊天工具。

图 4-34　使用聊天工具进行购物交流

4.3.9　注册页面要短

为保证网购安全，在通过移动端进行网上交易之前，必须登录后才能进行购物，因此用户首先需要注册成为会员，然后利用账号和密码才能实现登录。而对于注册操作而言，其页面应尽量简短，也就是说用户进行注册的操作要尽量简单，过于繁杂的流程会导致大量用户流失。图 4-35 所示为京东 APP 的快速注册页面，用户只需输入手机号和获取的短信密码即可完成注册操作，如此简单的过程自然不会影响用户的购物体验。

图 4-35　京东快递注册页面

本章小结

本章对移动电子商务的用户体验优化设计进行了详细讲解，主要包括移动电子商务用户体验介绍、移动电子商务平台流程设计和移动电子商务 APP 用户体验设计等内容。读者通过学习可以全面了解在设计移动电子商务网站和 APP 时应该注意哪些可以提升用户体验的方法和技巧。图 4-36 所示为本章主要内容的梳理和总结示意图。

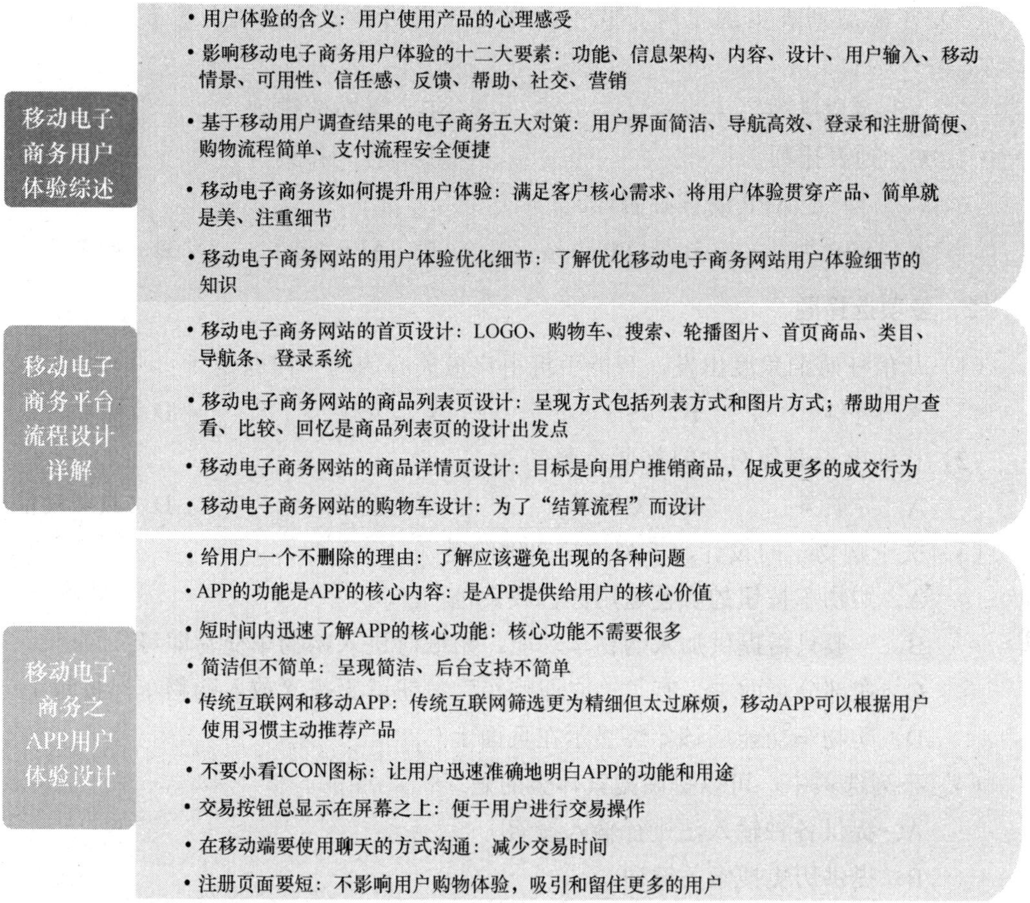

移动电子商务用户体验综述

- 用户体验的含义：用户使用产品的心理感受
- 影响移动电子商务用户体验的十二大要素：功能、信息架构、内容、设计、用户输入、移动情景、可用性、信任感、反馈、帮助、社交、营销
- 基于移动用户调查结果的电子商务五大对策：用户界面简洁、导航高效、登录和注册简便、购物流程简单、支付流程安全便捷
- 移动电子商务该如何提升用户体验：满足客户核心需求、将用户体验贯穿产品、简单就是美、注重细节
- 移动电子商务网站的用户体验优化细节：了解优化移动电子商务网站用户体验细节的知识

移动电子商务平台流程设计详解

- 移动电子商务网站的首页设计：LOGO、购物车、搜索、轮播图片、首页商品、类目、导航条、登录系统
- 移动电子商务网站的商品列表页设计：呈现方式包括列表方式和图片方式；帮助用户查看、比较、回忆是商品列表页的设计出发点
- 移动电子商务网站的商品详情页设计：目标是向用户推销商品，促成更多的成交行为
- 移动电子商务网站的购物车设计：为了"结算流程"而设计

移动电子商务之APP用户体验设计

- 给用户一个不删除的理由：了解应该避免出现的各种问题
- APP的功能是APP的核心内容：是APP提供给用户的核心价值
- 短时间内迅速了解APP的核心功能：核心功能不需要很多
- 简洁但不简单：呈现简洁、后台支持不简单
- 传统互联网和移动APP：传统互联网筛选更为精细但太过麻烦，移动APP可以根据用户使用习惯主动推荐产品
- 不要小看ICON图标：让用户迅速准确地明白APP的功能和用途
- 交易按钮总显示在屏幕之上：便于用户进行交易操作
- 在移动端要使用聊天的方式沟通：减少交易时间
- 注册页面要短：不影响用户购物体验，吸引和留住更多的用户

图 4-36　移动电子商务用户体验优化设计相关内容的总结

课后练习题

1. 单项选择题

（1）下列选项中，不是影响移动电子商务用户体验因素的是（　　）。

　　A. 内容　　　　B. 移动情景　　　　C. 设备　　　　D. 信息架构

（2）对移动电子商务而言，（　　）是提升用户体验的核心。

    A．快速流畅的操作体验　　　　　　B．满足客户核心需求

    C．安全的使用环境　　　　　　　　D．丰富的功能

（3）下列图片格式中，在相同尺寸和大小的前提下，图片质量最高的是（　　）。

    A．JPEG　　　　　B．PNG　　　　　　C．GIF　　　　　　D．都一样

（4）根据用户的操作习惯，导航条设计的位置一般不会出现在（　　）。

    A．顶部　　　　　B．左侧　　　　　C．底部　　　　　D．右侧

（5）在商品列表页的呈现方式中，视觉表现为参差不齐的多栏布局的方式是（　　）。

    A．多栏排列　　　　　　　　　　　B．瀑布流排列

    C．列表排列　　　　　　　　　　　D．行列排列

（6）（　　）是 APP 的核心内容。

    A．APP 类型　　　B．APP 价格　　　C．APP 功能　　　D．APP 大小

2．多项选择题

（1）从信任感的角度出发，智能手机用户最关心的两个问题是（　　）。

    A．身份　　　　　B．共享　　　　　C．安全　　　　　D．隐私

（2）移动电子商务网站的首页元素有（　　）。

    A．导航条　　　　B．类目　　　　　C．搜索　　　　　D．收藏功能

（3）关于购物车的设计，下列说法正确的是（　　）。

    A．购物车按钮的颜色适用红色或黄色

    B．一般只需提供加入购物车功能，结账时进入购物车交易即可

    C．在部分页面中，有了"立即购买"按钮就无需"放入购物车"按钮了

    D．购物车功能应该始终显示在页面上

（4）下列选项中，可以提高搜索体验的是（　　）。

    A．提供各种输入法进行输入搜索

    B．提供历史搜索关键词

    C．提供语音搜索

    D．提供智能搜索关键词

3．判断题

（1）用户体验指的是在用户使用移动电子商务的过程中，对相关业务的功能、界面、交互性、信息便捷性等相关服务的心理感受。　　　　　　　　　　（　　）

（2）由于移动设备的尺寸都较小，因此移动电子商务产品的界面设计应尽量保持各功能结构清晰、简洁美观，而不宜一味体现各种功能导致界面混乱不堪。（　　）

（3）为保证移动电子商务用户的安全和隐私，在注册时应尽量设置全面和完整的

个人信息，即便过程相对繁杂，但用户为了安全还是可以接受。　　　　（　　）

（4）Flash 文件体积小、质量高，是移动电子商务网站上首选的多媒体格式文件。

　　　　　　　　　　　　　　　　　　　　　　　　　　　　　　（　　）

4．案例阅读与思考题

移动端电商 APP 产品设计的 9 个成功秘诀

位于波罗的海的初创企业 Vinted 最初是一个让女孩购买和交换二手服装的网络市场，该网站 50％多的流量来自移动应用的贡献。在 Vinted 重新针对移动端进行设计之后，应用使用量增长了 170％。以下就是该公司 CEO Tomas Dirvonskas 从这次设计中获得的启示或经验。

1．在显示屏上明确标明优先信息

在重新设计成员资料时，评估了每一个要素的重要性。由于 Vinted 应用主要关于服装和时尚，因此一大重要因素就是成员的服装，要让这些服装出现在前端和中心位置，其他信息则可以简化处理，提升用户体验，从而让用户关注主要内容。

2．召唤行动（Call to action）按钮应置于显示屏上

为了便于用户交流，应当让"召唤用户行动"按钮出现在显示屏上较为显眼的位置。如果设置得更大，并标有明显的红色，那就更好了。在设计这一应用功能时，遵循一个简单但重要的理念：就是制造销量。另外再设置一个"购买"按钮，即使用户滚动显示屏，但此按钮仍可以出现在屏幕顶端，并一直让用户看到。

3．尽可能减少用户关注内容的步骤

在重新设计目录时，需要遵循这一原则。用户并不真正关心你的智能分类目录，他们只想看到内容，然后再缩小选择范围。

4．提升用户对话体验

对电商应用而言，在销售过程中增加一些有用的技巧会提升用户体验。Vinted 就建议用户低报价，这些都可以由用户在对话中完成，而且还可以缩短交易时间。

5．简化注册流程

如果注册信息表过长，需要不停地滚动，这就会让用户觉得很累。因此，可以让用户在注册时尽可能地少填信息，让用户先注册进来。

6．首先上传内容再加以描述

我们发现，应用拥有的内容越多，交易量就会越多。为了鼓励用户贡献内容，我们将行动分成两步，从而让成员首先发布图片和上传内容，接下来再填补相关的描述信息。

7．在应用页面顶部，左侧配置导航功能、右侧配置行动功能

返回按钮一般都在左边占据较大空间，却不起太大作用。在第一版应用中，Vinted

菜单按钮占据了整个左上角，因此需要把行动按钮设置到其他部位，通常是在内容或屏幕低端之间，但这在移动应用中感觉不顺，而且使用不便。最终解决方法就是将菜单移向左边。

结合上述案例资料，思考下列问题。

（1）以上所有的启示或经验，包含了移动电子商务产品的哪些用户体验设计？

（2）影响移动电子商务用户体验的有哪些因素？

（3）APP 和电商网站的用户体验优化有什么不同？

第5章

移动电子商务开放平台

📖 **学习目标与要求**

了解什么是开放平台，常见的移动电子商务开放平台有哪些，以及如何接入开放平台等知识。同时可以进一步了解一个移动电子商务开放平台如何更好地吸引商家入驻，以及开放平台面临的困境有哪些。

【学习重点】

- 什么是开放平台
- 接入开放平台有哪些优势
- 开放平台战略如何实施

【学习难点】

- 开放平台如何吸引品牌商
- 开放平台面临的困境

🔍 **【案例导入】**

经典开放平台案例——Google

Google 在开放 API 方面的得上是开拓者和领导者，拥有 Search API、Google Map API、Opensocial API 等一系列还在不断增长的 API 列表，更在开放平台方面发力，推出开放的手机平台 Android 和云计算平台 APP Engine 服务。其中最知名的 Google Map API 自 2005 年开始流行，是谷歌地图成功的一个极为重要的原因。

Google APP Engine 是 Google 提供的基于 Google 数据中心的开发、托管网络应用程序的平台，每个免费账户可使用 1GB 存储空间，以及可支持每月约 500 万页面浏览量的 CPU 和宽带。APP Engine 的服务构架提供通过虚拟化达到实时的自动规模缩放的功能。目前每个用户可以免费创建十个应用。

Google APP Engine 要求开发者使用 Python 或 Java 作为编程语言，并且只能使用 APP Engine 的 API.APP。Engine 数据库不是传统的关系数据库，因此不使用 SQL 指定查询，用户只能使用类似 SQL 的查询语言（称为 GQL）进行查询。大多数 Web 应用程序都需要进行一定的修改才能运行在 App Engine 上。

Google 企业应用套件是基于网络的托管解决方案，这些应用程序包括 G-mail、Google Talk、Google 日历、Google 文档、Google 协作平台等。

免费用户创建 50 个用户的邮箱，每个用户拥有 7GB 的存储空间，具有优秀的反病毒和垃圾邮件功能，其收费价格相对较高。企业内部协同可绑定 Gtalk 账号。

Google 应用商店是 Google 为第三方开发者提供的一个销售平台，目标用户群为 2500 万 Google APP 用户，谷歌应用商店（Google APP Marketplace）的分类非常明确，很适合企业用户使用。

企业如果要让自己的应用进驻该应用商店，开发者需要向 Google 支付 100 美元的一次性费用。除此之外，Google 还将获得应用销售额 20% 的分成。

Google 为 Chrome 浏览器开发的应用程序商店，目标用户群为 Chrome 浏览器用户，开发者可以在 Chrome 应用程序商店销售自己的应用程序，并获得收入。

启示：要想让开放平台运营成功，不仅需要大量扎实的技术支持，还需要方方面面地考虑如何更好地服务电商企业，以电商企业的利益为出发点进行设计和制作。

📶 5.1 开放平台概述

自 Facebook 开始，开放平台就逐步发展成为了电子商务的主流平台，各大电子商务企业都争相开发出自己的开放平台，在移动电子商务领域，开放平台也受到企业的欢迎。在认识开放平台的优势，以及如何实施、打造开放平台之前，本节将首先对开放平台的基本内容进行讲解，包括开放平台的概念、包含的含义、代表性对象，以及开放平台的目的等。

5.1.1 什么是开放平台

在互联网时代，把网站的服务封装成一系列计算机易识别的数据接口开放出去，供第三方开发者使用，这种行为就叫作开放 API（应用程序编程接口），提供开放 API 的平台本身就被称为开放平台。通过开放平台，网站不仅能提供对 Web 网页的简单访问，还可以进行复杂的数据交互，将它们的 Web 网站转换为与操作系统等价的开放平台。第三方开发者可以基于这些已经存在的、公开的 Web 网站而开发丰富多彩的应用。

根据所服务的主体不同，可将开放平台分为中心化开放平台和分布式开放平台。

- **中心化开放平台**：平台所提供的 API 主要是针对自身的网站提供应用开发接口，与之对接的应用只为自身网站服务，如 Facebook、百度等。
- **分布式开放平台**：这类平台在提供一个标准 API 后，即可将平台上的多个应用推向所有支持该标准的网站，如国外的 Google、国内的 Manyou 等。

5.1.2　开放平台的两层含义

开放平台包含两种含义。

第一种开放平台是技术性的开放，如百度、腾讯、阿里巴巴等。以阿里巴巴为例，阿里互联平台允许接入不同类型、不同行业的应用软件、商业工具和服务。用户可以自由选择企业所需的软件和服务，灵活进行定制和租赁，从而最大化减少投入成本，提升应用价值。而软件供应商可以依托阿里软件强大的客户资源和营销资源，准确获取客户需求和目标用户，从而加速产品推广及品牌推广，并迅速扩大市场份额。

第二种开放平台指的是软件系统通过公开其应用程序编程接口或函数，来使外部的程序可以增加该软件系统的功能或使用该软件系统内部的资源，而不需要更改该软件系统的源代码。

5.1.3　主流的大型开放平台有哪些

对于依托电子商务平台的卖家而言，多个电子商务企业的开放平台之间的竞争，可以带来服务的提升和让利，但过多的开放平台并不会带来更多的客流，而且如果同时入驻多家平台还会大大增加工作量。

就目前而言，我国主流的大型开放平台有京东、淘宝、苏宁易购、国美、当当等。

- **京东开放平台**：为合作伙伴提供公开、透明的平台，为广大的商家提供了除向京东商城供货外更多的合作模式选择，包括可以单独运用京东强大的物流、配送系统等模式。这些合作模式也使京东商城大大地扩充了品类、品牌及商品数量，为用户提供了更多的选择。京东开放平台充分调动和整合广大社会资源到以京东商城为核心的电子商务生态圈中，丰富并拓展了产业链的上下游。
- **淘宝开放平台**：可通过淘宝 API 来获取淘宝用户信息、淘宝商品信息、淘宝商品类目信息、淘宝店铺信息、淘宝交易明细信息等数据，并建立相应的电子商务应用。同时，通过阿里软件平台可以为开发者提供整套淘宝 API 的附加服务，如测试环境、技术咨询、产品上架、版本管理、收费策略、市场销售、产品评估等。

- **苏宁易购开放平台**：通过平台资源的开放，对供应链环节进行优化，为上游供应商、中游销售企业、下游消费者提供全面、专业的供应链服务。
- **国美开放平台**：与京东和苏宁易购开放平台类似，国美开放平台同时有自营和联营业务，线下与物美、华联等超市百货合作，线上与开放平台商家互利共赢。虽然较其他平台更晚推出，并面临后期整合问题，但通过各种优惠政策也吸引了大量商家入驻，同时还可以向商家提供包括 ERP 系统对接、大数据共享、反向定制等各种技术。
- **当当开放平台**：让联营商户乃至更多的第三方电子商务企业分享当当网的物流服务资源，目的是为电子商务企业提供商品储存、分拣、包装及全国 1200 多个城市的货到付款配送服务，是国内第一家独立的以物流整合者角色出现的物流开放平台。

5.1.4　开放平台的目的

目前，许多电子商务网站都在推出开放平台，且招商速度非常快，国内大部分电子商务企业都正在走上自营加开放平台的双核心之路。通过消费者购买需求的延伸，开放平台能获得更多的消费者红利。如果消费者红利暂时无法获取，也可以向供应商获取红利。换句话说，开放平台在下游可以扩展消费者需求，在上游可以从供应商获利。

1．双方共赢

开放平台拥有的是用户资源，用户的需求是可以无限大的，但一家公司的能力是不可能满足用户需求的，因此就需要借助外部资源来满足用户，所以从这方面来讲，平台和协作方是双赢的。

2．电子商务开放平台的目的

具体而言，电子商务开放平台的目的在于拓宽赢利模式、扩展平台品类，以及方便提供统一的电子商务企业基础设施。

（1）从单一进销差价赢利模式拓宽到多种赢利模式。

开放平台除了靠进销差价赢利，还可以靠服务赢利。其主要包括网购货款沉淀赢利、卖家保证金沉淀赢利、增值服务赢利、广告推广赢利等。基于以上这些赢利方式和渠道，就成为电子商务平台开放的最大利益诉求。纯电子商务零售模式主要依靠规模和效益，毛利太高供应商不会入驻，毛利太低则会造成亏损。因此在这种情况下，各电子商务都选择开放平台。

（2）扩展平台品类，提升 SKU。

传统实体百货卖场受营业面积和展架限制，商品品类和 SKU（库存量单位）都受到很大的局限，而从理论上，电子商务可以无限制地扩展商品品类和 SKU，只要合法流通的商品和服务，电子商务都可以销售。而商品品类和 SKU 的丰富度已成为网购者选择电子商务平台购物的重要指标。以零售模式起家的 B2C 企业开放平台都在弥补自身的品类短板。这些类目通过用开放平台的方式去经营，既能丰富自己的 SKU，满足用户的需求，又可以规避自身的短板。

（3）提供电子商务企业的基础设施。

淘宝网最初建立了一个网上"集贸市场"，给卖家提供标准摊位。后来集贸市场做大后，一些成长的卖家不满足于标准摊位，他们不仅需要开设旗舰店、精品店，还需要建立自己的管理体系，买家的服务需求也多样化起来。淘宝网以一己之力，不可能满足这些林林总总的需求，因此开始提供基础服务，解决"三通一平"的问题，各种增值服务商就可以在淘宝上开发各种应用。

 提示：三通一平是建筑工程上的术语，指水通、电通、路通和场地平整。这里的"三通一平"则是借用其本身的含义，指在电子商务平台上为卖家开发和创建好基础设施。

3. 电子商务开放平台赢利模式多样

电子商务平台可通过保证金沉淀赢利、交易资金沉淀赢利、广告推广赢利，以及软件销售赢利，其模式极具多样化。

（1）保证金沉淀赢利。

保证金是电子商务平台为保证交易安全与诚信而创立的以约束网商（店）为主要对象的金融约束制度。由于在交易安全与诚信中，网商（店）与网购者相比居于矛盾的主要方面，以淘宝网为例，保证金收取只针对在该网络零售交易平台开展业务的网商（店）。例如：假设淘宝网的注册网店有 200 多万。按平均每店 1000 元的保证金计算，可得保证金总额为：200 万×1000=20（亿元）。只要网店仍在淘宝网上开展业务，没有退出淘宝网，那么淘宝网在支付宝开立的保证金账户上始终有 20 个亿以上的资金沉淀。

（2）交易资金沉淀的额外收益。

交易资金沉淀是买卖双方交易资金在电子商务平台系统内因驻留时间所产生的资金沉淀孳息（原物产生的额外收益）。以淘宝网为例，网购货款在支付宝账户的平均驻留时间一般为 3～7 天（物流时间），如按每年固定账户 10 亿计算，以定期最少年利率 2.52%计算，第一年是 252 万收入（2.52%利率），第二年是 306 万收入（3.06%利率）。以此庞大的数字来计算，淘宝网系统账户可以托管银行收入庞大的额外收益。

（3）广告推广收费赢利。

垂直购物网站在开放平台以前，自购自销，商品广告以成本形式计入推广费用，也就是说商品广告不能赢利还得计入成本。而开放平台则可以将广告推广变为完全赢利的业务，以淘宝网为例，广告形式主要有淘宝直通车、品牌广告、钻石展位广告等几类，卖家为了营销推广就需要进行广告宣传，这就需要向淘宝支付相应的广告费用。

（4）软件销售与分成。

电子商务开放平台后，ISV（独立软件开发商）最终希望这个电子商务平台能给自己带来商业价值。对于进驻电子商务平台的软件商，有两种赢利模式，一是软件销售，即智能手机的应用，软件商可以固定按月、按年收费；二是佣金分成模式。

以淘宝网为例，在淘宝上架的软件年收入在 15 万元以下，淘宝不与软件开发商分成，超过 15 万元以上，软件商与淘宝的分成比例是 5.5∶4.5。只有大量的应用被开发出来，淘宝网自身才能在海量的应用所产生的新价值增长中获得收益。因此，阿里巴巴集团大力扶持这些独立软件开发商，甚至每年设立了 1000 万基金扶持优秀的开发者。用自己的资源作投资，未来通过衍生的商业模式的分账模式获得收益。开放平台就在以开放 API（应用程序接口）为契机，形成一个多接口的开放性平台，吸引大量的合作伙伴结集成一个商业生态系统。

5.2　接入开放平台的优势

没有知名度或规模较小的网站或应用，都会选择接入到开放平台的方式来发展业务，其原因在于接入开放平台有许多独立运营无法具备的优势。

5.2.1　使用开放平台的账号体系

新开发的网站或应用如果包含注册系统，由于没有知名度，其注册转化率都很低，用户一般不愿意在未知的网站或应用上浪费时间进行注册，但如果使用开放平台的账号体系，注册就变得轻而易举了。如美国已经有很多移动端上的应用完全放弃了自己的账号体系，完全让用户使用 Facebook 或 Twitter 的账号体系。就我国而言，接入开放平台后，这些新兴网站或应用可以提供其他平台的账号进行注册，如微博、微信、QQ 账号等，同时也可以开发自身的注册系统，让用户进行更多的选择，这样可以极大地提高注册转化率，快速招揽大量的用户成为网站或应用的会员。

5.2.2　平台联运或提供服务

通过平台联运和提供服务等模式，许多应用开发者可以得到更好的发展，这种模式在网页游戏（又称 Web 游戏，简称页游）和社交游戏方面体现得尤为普遍。2010年后页游在国内发展速度非常快，而且出现了研发与运营分离这种显著趋势。就页游而言，其自身需要有大量的流量在后面支撑，为了获得这些流量，独立运营的页游很少，基本上都是研发上线，接入各大平台进行联合运营，然后跟平台分成。除页游外，如在淘宝开放平台中的不少开发者专门基于淘宝的接口开发卖家工具为淘宝卖家服务；在微博、腾讯等开放平台上，很多创业者开始进行社交网络的数据挖掘，进行各种精准的营销，为广告主和官方微博提供全面的数据服务，这些都是平台联运和提供服务的应用案例和实际体现。

5.2.3　借助平台获取大量的用户和流量

获取流量和用户是很多网站和应用接入开放平台的初衷，且效果显著。如娱乐应用"唱吧"在 6 个月内通过新浪微博吸收了 330 万用户，接入腾讯微博后仅 7 天回流量就达到了 500 万次；导购类网站美丽说和蘑菇街每天从 QQ 空间上引入超过百万的独立访客等。

 提示：回流量是指分享到某一社会化媒体后，用户点击分享链接返回到分享页面的浏览次数；分享量则是指分享到某一社会化媒体的次数。

开放平台可以通过内容维护、运营传播及自身的官方优势，为接入者带来更大的用户和流量。

1．内容的维护

网站接入到开放平台后，用户发布的大部分内容，以及在网站或应用内的操作都会同步到开放平台的"注入流"里，在这些平台上的用户都能看到。如果内容有趣，其他用户自然会点击链接进入到网站或应用的品牌页。网站或应用就可以通过对点击情况进行统计、分析和优化来不断提高转化率，最终带来用户注册数量的提升。另外网站或应用也可通过官方微博和官方空间内容的发布来进行内容维护。比如，美丽说有十多个人的团队专门负责各个开放平台上的运营，通过监测每天官方微博发布的内容带来的流量和用户数，不断测试并确定在什么时间段发布什么类型的内容会得到最佳效果，甚至同一文案会配不同的图片来测试效果，这对内容的维护来说更加便捷和准确。

2．平台上的运营和传播

要想从开放平台上获得更多的用户和流量，可以借助热点，做有热度和吸引眼球的内容并进行传播。借助社会化媒体的传播，着重点是内容需要足够好，能够使得用户感兴趣从而自行帮助传播。

3．借助官方的力量

每个开放平台都有专门的部门去为接入平台上的应用和网站服务，平台官方也是希望能够树立起典型。如唱吧刚开始接入腾讯微博时，就积极和腾讯微博官方联系沟通，双方一起在腾讯微博的平台举行唱歌比赛，有奖分享内容到腾讯微博平台等活动，腾讯微博动用自己的平台资源推广这个活动，最后活动取得了很大的成功。

5.3 开放平台战略如何实施

国内外大型互联网企业纷纷开放其业务平台，共享入口、数据、用户等资源，吸引业界主体入驻。这一商业模式上的创新，在增强平台企业自身黏性的同时，还将网络外部性发挥到极致，形成了一个个以企业为主导的产业生态体系。但与此同时，也带来了网络与信息安全、垄断与不正当竞争、版权纠纷等一系列新情况与新问题。开放平台战略到底应该如何实施成为各电子商务企业不得不面临的挑战。

5.3.1 坚持平台开放战略

电子商务最终还是要通过信息化，让整个社会的零售效率实现最大化。目前，已经有了电子商务的基础设施，包括物流、支付、交易的环境、商品的分类搜索等。大的平台都会把这些设施建设进去，变成真正的开放平台，这样才会有竞争力。不管是天猫还是京东，都在往这个方向发展。因此电子商务的最终模式必须是开放平台。无论是国外还是国内，开放平台是各大电子商务网站普遍采取的一种战略。

5.3.2 分享数据的平台

对于电子商务企业而言，数据是其核心资产与战略资产。不管是 B2B 模式还是 C2C 模式，大量的用户需求以数据形式被商家捕捉，快速反映在生产、供应链、库存、物流等环节。因此，电子商务平台从获取初始交易数据，进而带动和吸引生态圈合作伙伴加入提供更多数据，才能够推进云平台基础数据标准和数据结构平台的建设，才能吸引更多合作伙伴进行数据交换。

电子商务开放平台实质是变成一个强大的数据收集渠道，将外部环境变化和企业数据实时传回数据平台，成为公司的战略资源。将打造和提升两个核心能力作为推进电子商务数据分享的关键：一是数据在线实时处理的核心技术能力，包括海量数据的大规模存储、预算等；二是数据收集、分享和应用的商业能力，并能有效地帮助企业建立数据运用的能力。

5.3.3 平台底层数据互联互通

在电子商务开放平台过程中，随着电子商务入驻卖家的不断壮大，不少卖家慢慢会建立起标准的企业级管理流程和相应的管理软件支持体系。但是由于这些企业数据资源分散在不同服务商开发的系统软件中，虽然底层数据能和电子商务平台对接，但软件之间不能实现互联互通。因此，容易在交易平台上形成一个个信息孤岛。为解决这一问题，许多电子商务企业也都开始了有针对性的技术开发和战略合作。如阿里巴巴集团旗下天猫与阿里云、万网联合推出聚石塔平台，为天猫和淘宝平台上的电子商务及电子商务服务商提供数据云服务，商家将获得安全稳定、弹性升级、数据推送、数据集成等云端服务，消费者也将由此得到更具保障的确定性服务。聚石塔电子商务开放云平台推出后，通过云端的服务实现互联互通，集成打通数据系统，有效解决了信息孤岛的问题。

　　图 5-1 所示为聚石塔平台的结构组织。平台以云计算为"塔基"，为天猫、淘宝平台上的电子商务及电子商务服务商等提供数据云服务，打造开放、安全稳定的电子商务云工作平台。

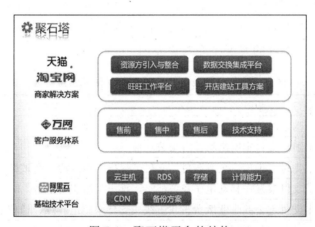

图 5-1　聚石塔平台的结构

5.3.4　跨界创新

　　电子商务开放平台，必须完成从跨品类、跨平台到跨界的飞越，从而创造新的电子商务商业模式。以阿里巴巴集团旗下的淘宝网为例，淘宝网在平台开放中实施"大淘宝战略"，将淘宝网和阿里妈妈合并发展，一年之后又将口碑网从雅虎剥离并入淘宝网，形成"消费－营销－生活服务"三位一体的大淘宝平台。在 2009 年 4 月，启动淘宝网线下实体店"淘一站"，在全国开放几十家线下授权实体店铺，建立线上线下商务桥梁。2009 年 6 月，推出开放平台，开放底层技术接口，吸纳外部开发者为淘宝开发商务应用。2009 年 12 月，推出"淘宝合作伙伴计划"，征集外部合作商为淘宝商家提供在 IT、渠道、服务、营销、仓储物流等各个环节的个性化服务。2010 年 3 月，淘宝网正式对外开放数据。4 月 8 日，"淘宝联盟"正式启动，成为打通所有网站与广告主之间的营销平台。此外，2009 年淘宝还与浙报集团合作推出《淘宝天下》周刊，与湖南广电达成战略合作，打造线上线下"大淘宝""双通道"，并且推出淘宝手机布局无线互联网。

通过一系列跨界创新，淘宝网覆盖范围从此前的 C2C 拓展到了整个电子商务生态链，通过跨界创新，淘宝网逐步从创立初的 C2C 模式向 C2B2B2S 模式（从客户到渠道商到生产商及供应商再到电子商务服务的模式）转变。

5.3.5 围绕支付核心开放

第三方支付工具是电子商务平台买卖交易双方所有交易资金的支取工具与流动通道，也是平台服务与增值服务收费的工具，更是从事中间业务、其他金融衍生产品与业务的工具与通道。不管是移动电子商务还是传统商务，并没有根本性的区别，改变的只是工具和渠道，因此开放支付工具是所有电子商务平台开放核心中的核心。表 5-1 所示归纳了淘宝网推出的支付宝和余额宝业务的发展进程，再次证明支付工具的开放策略对电子商务开放平台的发展是非常重要的。

表 5-1　淘宝网推出的支付宝和余额宝业务进程

时间	事件
2003 年 10 月 18 日	淘宝网首次推出支付宝服务
2004 年 12 月 8 日	浙江支付宝网络科技有限公司成立
2005 年 2 月 2 日	支付宝推出"全额赔付"支付，提出"你敢用，我敢赔"承诺
2008 年 2 月 27 日	支付宝发布移动电子商务战略，推出手机支付业务
2008 年 10 月 25 日	支付宝公共事业缴费正式上线，支持水、电、煤、通信等缴费
2010 年 12 月 23 日	支付宝与中国银行合作，首次推出信用卡快捷支付
2011 年 5 月 26 日	支付宝获得央行颁发的国内第一张《支付业务许可证》
2013 年 6 月 13 日	余额宝上线
2013 年 11 月 13 日	支付宝手机支付用户超 1 亿，"支付宝钱包"用户数达 1 亿，支付宝钱包正式宣布成为独立品牌
2013 年 12 月 31 日	支付宝实名认证用户超过 3 亿
2014 年 2 月 28 日	余额宝用户数突破 8100 万
2014 年 3 月 20 日	支付宝每天的移动支付笔数超过 2500 万笔

5.4　如何打造一个良好的开放平台

移动互联网的市场竞争说到底就是开放平台之间的竞争，成功的开放平台更具有强大的创新能力和增长潜力。平台开放要取得成功不仅仅取决于开放本身，更关键的是把握平台开放成功的关键要素。

5.4.1　明确电子商务平台角色定位

电子商务在平台开放过程中，必须明确自身的角色定位（零售企业或互联网企业）。目前，国内的电子商务模式发展得较为清晰，一种是以京东商城为代表的零售商模式，另一种是和天猫类似的线上购物中心式的纯平台模式，前者具备自营模式，需要投入大量采购与管理成本，后者的开放平台成本则要少很多。又如腾讯电子商务在平台开放过程中，始终坚持是一家互联网公司，认为电子商务开放平台最终是要发挥自己的技术、产品和用户群优势，将零售业的信息集合到开放平台上并传播给用户。总而言之，电子商务企业在发展开放平台时，需要给自己明确的角色定位，然后准确以该角色为出发点，围绕自身定位打造符合自己的开放平台。

5.4.2　流量分配难题与破解

电子商务平台的投入主要体现在"时间成本"上，它代表了供应商与平台本身的磨合进度，但是在平台开放过程中，所面临的技术问题是次要的，流量的分配才是问题的关键。自营需要投入大量采购与管理成本，开放平台的成本则要少很多。具体说来，平台方要把自身流量用一种恰当的方式导入新的供应商的品类中，而平台本身可能已经在公司内部争夺这些流量，因而无法消化新增加的供应商。实际上，在平台建设初期，第三方供应商的转化率很可能低于自营 B2C 的转化率。如在自营领域导入 1000 个 IP 带来的销售额是 10 万元，而在开放平台中 1000 个 IP 可能只能产生 1 万元的销售额。公司的流量变现能力反而下降了。换言之，平台方需要评估的是，同样的流量进入自营和开放平台中，哪一个带来的转化效率更高。一些公司的开放平台做不好，无法规模扩张，核心问题就是消费者访问第三方供应商不如访问其自营商品带来的收益多。

采用流量导入分配精准营销或许可以将潜在客户群流量导入到它所感兴趣的品类和品牌供应商页面，并完成转化，但流量分配还关系到精准营销的悖论，通常认为流量导入越精准越好，但事实并非如此，因为太过精准会流失潜在的客户。如何做到相对精准就考验着平台方的智慧。此外，当平台的规模越做越大，如何让垂直类的商家更多地参与到平台整体的营销中去，形成相互促进，也是一大挑战。

从宏观上看，平台的赢利状况势必存在一个规模的临界点，当越过这个投入产出的临界点后，平台的规模越大，边际效益越低，从而产生越高的收益，并将风险分摊给众多的第三方供应商。

5.4.3　供应链控制与整合

对于一家从原本相对狭窄的品类转入混合型经营的电子商务平台来讲，要提供后台供应链服务，所面临的挑战很大。因为开放战略意味着平台方除了自营品类外，还要熟悉其他类型的供应链，因为每个品类都存在选择入库或不入库的商家。但目前还没有一个平台商可以对所有的品类都了如指掌。除了供应链管理，如何把握第三方的售后服务，对平台方的品牌影响力也至关重要。随着电子商务开放平台的发展，如果内部管理无法跟上品类的扩张，就会出现供应链失控的状况。

对于供应链控制与整合，一部分电子商务采取了自主商品与进驻品牌后台分割独立运营的模式。如最早入驻腾讯电子商务的是易迅网、珂兰钻石、好乐买等，以及运营超市品牌的 1 号店和运营化妆品品牌的天天网等。在当时的试运营期间，这些 B2C 企业与 QQ 网购合作方式是由他们独家运营 QQ 网购的行业类目，例如，鞋类由好乐买独家运营，钻石珠宝类则由珂兰钻石独家运营。同样地，1 号店与酒仙网相互开放的合作模式，也只限于共享用户和流量，但后端的仓储物流仍由酒仙网自行完成。1 号店采用倒扣流水的方式与酒仙网进行营收分成。在酒仙网与当当网的合作中，前者独家运营当当的酒类频道，用户在当当网购买后，数据将直接传输到酒仙网，由酒仙网负责发货、配送和售后管理。但也有另外的模式可供选择，如 1 号商城开放平台后，开放平台对每家供应商都提供相对"个性化"的服务，有些商家会选择使用 1 号店的仓储物流体系，有些则完全由供应商自主发货，但这需要做大量的后台协调工作。

总的来说，无论采用哪种合作方式，在开放平台中控制与整合供应链是势在必行的，这不仅关系到营收分成，同时还关系到电子商务企业的生存问题。

📶 5.5　开放平台如何吸引品牌商入驻

电子商务开放平台只有吸引更多的商家和品牌进驻，企业才能更好地通过开放平台创造利益。由于许多电子商务企业都打造了开放平台，因此竞争也变得越来越激烈，为吸引更多商家和品牌进驻平台，各电子商务都会通过许多方式进行招揽。

5.5.1　优惠招商条件吸引

优惠招商条件是吸引品牌商入驻的立竿见影的手段，通过优惠保证金、平台使用费、扣点率等各种条件，许多品牌商都会入驻到开放平台。如腾讯承诺首批入驻商家在 2012 年内全部免除包括进场费、广告费、扣点等在内的全部费用，并承诺投入大量营销资源，以帮助商家平均访问用户数翻三倍，让 80%以上的入驻商家实现赢利；又如苏宁易购电子商务业务建立起品牌、市场推广、流量、系统、支付、物流和售后服务七大稀缺商业资源平台，为供应商提供从商品采购、销售，到库存、仓储物流，乃至售后等所有环节的服务，开放各种销售数据信息，提供运营分析报表，为供应商解决仓储物流配送问题。为进一步刺激入驻供应商的积极性，苏宁易购还推出"免年费、免平台使用费、免保证金"的"三免"政策。

5.5.2　IP 流量吸引

哪个开放平台的流量大，哪个平台就更容易吸引品牌商入驻。目前而言，天猫占据网络购物最大的市场份额，当当网之所以选择入驻天猫，最看重的就是服务，也就是流量。而腾讯作为拥有用户资源最多的互联网企业，最大的优势也是流量优势，将零售业的信息集合到开放平台上并传播给用户，这对平台商家无疑有着很强的吸引力。开放平台如果每天都有固定的流量访问到品牌商，这对于品牌商来说就是一个非常健康和向上的市场，也会吸引到更多品牌商的合作意愿。

5.5.3　技术与服务能力吸引

各电子商务开放平台对供应商和品牌的争夺，不会像对用户的争夺那么激烈。因为供应商无论是出于对品牌传播的需求，还是出于接触顾客的需求，都会在更多的平台上开店。而开放平台只有提供好的服务，让供应商的成本更低，利润更大，供应商才能提供更新更好的产品给该平台，同时才有能力给用户提供更好的服务。因此，开放平台大战最终将比拼的是平台的技术和服务能力。

5.5.4　供应商多平台进驻策略

在网络零售与传统实体零售的相持阶段，供应商会在两个渠道之间寻求平衡，会根据电子商务平台的品类属性优势有选择性地进驻，如卖包、卖鞋、卖电器垂直型 B2C 平台，供应商在电子商务行业没有形成定局的情况下，对品牌商来说都是机会，都会尝试。同时，在一个平台上，单店一般会有销售瓶颈。如某服装品牌在淘宝天猫平台上，其旗舰店两三年前就能做到 1 个亿的销售额，但其后增长很慢。因此，寻求新增渠道来突破销售瓶颈是品牌商的策略之一，而供应商选择多平台进驻的策略也是为解决这种问题而采取的一种手段。

5.5.5　平台进驻成本与收益

对于平台入驻商家而言，一个中型品牌入驻一两家开放平台的成本尚可接受，但如果入驻全部或多个主流平台，成本也非常惊人。平台数量越来越多，入驻商家成本上涨的同时，消费者分流也日趋严重。这势必造成商家会更加有针对性地选择入驻平台，以减小成本并扩大收益。对于开放平台而言，在更加激烈的竞争环境下，怎样设置自己的入驻规定，怎样提供更好的服务，就成为能否吸引商家，平台能否健康成长的关键因素。图 5-2 所示为各主流开放平台的相关入驻规定。

电商开放平台准入、运营标准比较				
网站名称	准入门槛	保证金	扣点率	平台使用费
天猫	企业资质、品牌资质、服务资质	1万元	0.5%～5%	6000元/年
京东	公司注册资金50万及以上	1万元	略高于天猫	6000元/年
当当网	开店：企业资质、品牌资质	3000～1万元	1%～5%	500～1800元/季
	供货合作：企业和品牌资质、品牌审核	—	较高扣点	—
亚马逊	资质证明："零投入"加盟模式	无	4%～15%	无

图 5-2　各开放平台的商家入驻规定

🔊 5.6　开放平台可能带来的困境

随着越来越多的电子商务企业开放了自己的平台，竞争也日益激烈，为了吸引更多的商家入驻，电子商务企业会通过免费、优惠等各种方式降低自己的入驻门槛，这势必会影响整个开放平台的发展环境，并可能出现各种潜在的问题。

5.6.1　免配送门槛变相提高

随着开放平台的推进，虽然商品丰富度提高，但各网站商品趋同性越来越明显。消费者在习惯了免运费的网购方式后，已经不习惯运费自付的模式了，于是会在购物时达到商家设定的免运费标准，以实现免运费购物。但是在开放平台的竞争日益激烈，成本越来越大的情况下，免运费的门槛将变相提高。

比如 1 号店网上超市，其实行"满百包邮"政策，但是不同入驻商户的商品不能累计。如果想购买一部手机和胶带、订书机、便签纸等办公用品，虽然这些商品的价格总额大大超过免邮费最低标准，但是，由于手机和办公用品分属不同入驻商户，因此只有超过百元的手机可以享受免运费，金额不足 50 元的 3 件办公用品，按照 1 号店的运费规则，消费者需要交纳 10 元运费。另外，从 2011 年底开始，京东商城、新蛋、亚马逊中国先后取消"全场免运费"竞争策略。被免运费培养起来的消费者，也必须面对越来越多的网购自付运费的情况了。

5.6.2　支付方式收窄

选择大型网站购物，不仅商品质量有保证，而且关键一点就是可以货到付款。这一支付方式也是这些网站当初赢得顾客信赖、提供便利的一大服务亮点。但由于第三方商家的原因，这种便利服务正在缩水。尽管负责配送的商品和多数入驻商户销售的商品可以货到付款，但有些第三方商户的商品却只能在线支付、公司转账和邮局汇款。

某用户在某网上商城挑选了一系列婴儿用品准备付款时，发现所选商品被分拆成 3 个订单，其中 1 个订单无法选择货到付款，无奈之下只能找相似的商品另行下单。

又如，京东商城 2011 年与占有支付市场半壁江山的支付宝中止合作后，用户在其平台下单付款的选择方式就少了，尤其是对于习惯了使用支付宝网购的用户来说更会感到不便。京东表示其提供的货到付款服务更安全、便利。但是入驻商户增多后，服务标准就会出现不统一的问题。

总的来说，无论开放平台提供了多少支付方式，在进行支付时，还得按第三方商家允许的支付方式进行购物，而许多第三方商家提供的支付方式非常有限，从而导致电子商务平台整个支付方式在收窄。

5.6.3　诚信度降低

开放平台吸引合作商户入驻，虽然可以短时间内扩大购物网站的商品品类，但是如何控制众多独立配货的商品质量和商户诚信的问题，是这些电子商务平台企业必须面对的问题。某用户一直想买一本专业性很强的软件开发的书籍，搜索京东商城、当当网后，两家网站都显示无货，不过某外资网上商城却显示有货，下单后收到的是一本残损的高中复习资料，根本不是网站上显示的书名。该用户紧急联系商城客服人员，但客服表示入驻商户所售商品的售后服务问题由商户自行承担。这一案例反映的就是开放平台无法控制和管理商户诚信度的问题。要解决这种问题，不仅需要开放平台实行更规范、更有效的监管措施，还需要各入驻商户极力配合，才能使整个购物环境良好发展。

5.6.4　配送速度减缓

电子商务企业的高效配送速度已让消费者越来越感到网购的便利。但是，无论次日达还是半日达的配送服务，遇到独立配送的平台合作商，商品配送就会减速。比如某用户在一开放平台网站购买了一件运动衫，该网站次日就将商品送到，并有短信提醒服务。但由于号码不合适改换另一款男士衣服后，配送方也改换成入驻品牌商，商品经过 10 天才收到。

电子商务企业在开放平台后，京东商城、1号店等网上商城已宣布开放物流配送服务。以京东商城为例，可以为平台商户提供操作规范的上门取件、代收货款等专业服务，但是从目前的情况看，已宣布开放平台的网上商城，多数合作商户仍自己负责配送，这就导致配送速度无法按开放平台的政策统一实行。因此在开放平台后，用户虽然表面是在大型购物网站购物，但在物流配送、售后服务上却很难真正享受到大型网站的标准化服务。

本章小结

本章通过对移动电子商务的定义、优势、概念误区、特点、应用和发展过程等概念及知识点的介绍，使读者全面了解并掌握与移动电子商务相关的各种基本知识，不仅对移动电子商务这一新兴事物有了更为准确和专业的认识，还同时为后面章节的学习打下了一定的基础。图5-3所示为本章主要内容的梳理和总结示意图。

开放平台概述	• 什么是开放平台：提供开放API的平台 • 开放平台的两层含义：技术性的开放；通过公开其应用程序编程接口或函数的方式，不需要更改该软件系统的源代码 • 主流的大型开放平台有哪些：京东、淘宝、苏宁易购、国美、当当 • 开放平台的目的：双方共赢；拓宽赢利模式；扩展平台品类；提供电子商务企业的基础设施
接入开放平台的优势	• 使用开放平台的账号体系：提供多种注册方式，简化注册流程 • 平台联运或提供服务：通过平台影响力和提供的各种数据服务更好地进行发展 • 借助平台获取大量的用户和流量
开放平台战略如何实施	• 坚持平台开放战略：开放平台是各大电子商务网站普遍采取的一种战略 • 分享数据的平台：强大的数据收集渠道 • 平台底层数据互联互通：底层数据和电子商务平台对接但软件之间实现互联互通 • 跨界创新：跨品类、跨平台、跨界 • 围绕支付核心开发：第三方支付工具
如何打造一个良好的开放平台	• 明确电子商务平台角色定位：零售企业、互联网企业 • 流量分配难题与破解：流量导入分配精准营销 • 供应链控制与整合：自主商品与进驻品牌后台分割独立运营；开放平台对每家供应商都提供相对个性化的服务
开放平台如何吸引品牌商入驻	• 优惠招商条件吸引、IP流量吸引、技术与服务能力吸引、供应商多平台进驻策略、平台进驻成本与收益
开放平台可能带来的困境	• 免配送门槛变相提高、支付方式收窄、诚信度降低、配送速度减缓

图5-3 移动电子商务开放平台相关内容的总结

课后练习题

1．单项选择题

（1）以下选项中，没有开放平台的电子商务企业是（　　）。

  A．京东

  B．淘宝

  C．当当

  D．美丽说

（2）接入开放平台后，不能（　　）。

  A．使用平台账号

  B．停止内容维护

  C．使用平台服务

  D．利用平台推广

（3）阿里巴巴的（　　）是平台底层数据互联互通的典型案例。

  A．聚石塔平台

  B．淘宝平台

  C．天猫平台

  D．阿里妈妈平台

2．多项选择题

（1）电子商务开放平台的目的是（　　）。

  A．拓宽赢利模式

  B．扩展平台品类

  C．提供电子商务企业基础设施

  D．将运营风险转移给第三方

（2）电子商务开放平台可以通过（　　）赢利。

  A．保证金沉淀

  B．交易资金沉淀

  C．广告推广

  D．软件销售

（3）一个良好的电子商务开放平台需要具备（　　）。

  A．明确的自身定位

  B．合理与精准的流量分配

  C．创造更多的利益

  D．控制和整合好供应链

（4）可以吸引品牌商入驻开放平台的有（　　）。

  A．优惠招商条件

  B．巨大的 IP 流量

  C．提供技术支持

  D．提供完善的服务

3．判断题

（1）开放平台实际上指的就是开放的应用程序编程接口。　　　　　　　　（　　）

（2）跨界创新是电子商务领域的新模式，指的是通过与不同领域的行业进行合作，打造全新的电子商务生态链。但不同领域的行业也只能是电子商务领域。　　（　　）

（3）随着开放平台竞争日益激烈，可能出现诚信度降低、支付方式收窄、配送速度减缓等问题。　　　　　　　　　　　　　　　　　　　　　　　　（　　）

4. 案例阅读与思考题

百度搜索开放平台与腾讯财付通开放平台

百度搜索开放平台是一个基于百度网页搜索的开放的数据分享平台，广大站长和开发者可以直接提交结构化的数据到百度搜索引擎中，实现更强大、更丰富的应用，使用户获得更好的服务，站长和开发者也可以获得更多有价值的流量。

百度搜索开放平台目前只接受"确定性"数据资源。"确定性"资源是指标准的、明确的，具有唯一值的数据，如"今日人民币汇率""本周 NBA 赛程"等，不接受寻址类数据。数据资源质量需要高于业界同类数据的平均水平。对于数据，要求精确、全面，并且更新及时。对于服务，要求高度的稳定性和快速的响应。

如在百度搜索"某某企业电话"等相关关键词，在绝大多数情况下，首屏基本是广告和其他信息，并无企业的电话，用户体验不好。使用百度开放平台服务，可以免费将"某某企业电话"等相关关键词的搜索结果显示为"自然排名第一"，企业的电话信息可以清楚地显示在百度搜索的第一页，非常醒目，用户的搜索体验非常好。

腾讯财付通开放平台是腾讯在线支付平台财付通打造的一个应用平台；通过这个平台，第三方开发商的应用可以进入 QQ 钱包等渠道，被 1 亿财付通用户所使用。财付通开放平台上的应用是指由财付通或第三方开发商开发的，可以为用户提供独立的、完整的电子商务服务的应用程序。例如：手机支付、信用卡还款、快递查询等。

做好一个开放平台，首先要有大量有黏度的忠实用户，其次要有一个战略性的开放平台运营计划，用实际手段来刺激和激励第三方开发者投入到开放平台的建设中，让第三方能从中得到切实的好处，做到共同发展、共同赢利，这才能决定一个开放平台的成败，开发一个开放平台并不是难事，关键在于开放平台的运营。

结合上述案例资料，思考下列问题。

（1）通过案例的最后一段内容，分析开放平台的战略应该如何实施？

（2）API 是什么意思？有什么作用？

（3）一个好的开放平台应该怎样吸引品牌商入驻？

（4）接入到开放平台到底有什么好处？

（5）开放平台是否会面临一些问题？如果有，那么很可能面临的问题是哪些？

第6章

移动电子商务建站常用工具

📖 学习目标与要求

了解在搭建移动电子商务平台时，不同岗位的人员对应的常用工具，包括思维导图类、原型设计类、图片处理类、网页设计类、APP 制作类、流程图类、文档演示类工具。通过工具操作的演示，能够在工作中很好地利用工具来提高工作效率。

【学习重点】

- 思维导图类工具的使用
- 原型设计类工具的使用
- 图片处理类工具的使用
- 文档演示类工具的使用

【学习难点】

- 思维导图类工具的使用
- 原型设计类工具的使用

🔍【案例导入】

如何取舍——优质图片与电商网站响应速度

移动电商网站中的图片质量与网站加载响应速度之间如何取舍，还是二者兼得，是电商企业非常关心的一个细节。一般来讲图片应该进行适当优化，不仅仅是在吸引潜在消费者，还是增加图片搜索流量，又或是提升网站加载速度方面，它都扮演着非常关键的角色。以下几种图片优化的方式可以借鉴。

1. 用结构化数据写产品图片 ALT

我们很容易使用照相机默认的图片编号当作图片的命名，这样对于搜索引擎来说，可能就没有办法辨识图片的内容，从而就失去了从图片搜索方面带来的流量，这是非常可惜的，特别是当产品有数以万计的话，这个损失就很大了。通常可以制定结构化数据规则让技术人员设计程序批量替换图片的 ALT 属性来解决这个问题。

2．大图的显示问题

如果希望提供更大的图片让用户获得更真实的视觉感受时，一般不建议将大图直接放在网页上然后用 CSS 将图片缩小，虽然图片看上去尺寸变小了，但是图片的尺寸还是实实在在存在的，这会影响加载速度。可以先放一张较小的图片，然后提供查看大图功能的选项，这样不管是点击弹出大图还是新页面显示都不会影响速度。

3．给图片"减减肥"

在移动设备上用户等待不会超过 5 秒钟，亚马逊发现如果他们网站加载速度慢了 1 秒钟，一年将损失 16 亿美元。移动网站如果包含大量图片，这将严重影响网站加载速度。此时可以对图片文件的大小进行压缩等处理，使图片大小降低，但前提是不能影响图片质量。

4．正确看待缩略图

大部分电商网站都有缩略图展示，它可以让用户迅速地扫描到尽可能多的商品样式而不需要再去点击一个额外的页面。但缩略图同样可能影响网站速度。他们通常会出现在关键的购物流程之中，若因此影响了购物流程的流畅性，那就可能又损失了一个顾客。需要注意的是，应尽可能压缩缩略图体积，并建议不要为缩略图设置 ALT 标签。

5．留心装饰性图片

非产品类的图片，如背景图、按钮图、边框图等都可算作装饰图，优化时也应该仔细去检查这些图片的体积是否过大，是否会影响网站载入速度。如尽量使用 CSS 来创建一些特殊效果代替图片、不设置背景图片可等。

启示：无论移动电商网站的策划、设计、制作，还是维护、更新、优化等，都需要各种各样的工具软件来实现。熟练掌握相关软件的使用方法，可以更加得心应手地制作和维护移动电子商务产品。

6.1 思维导图类工具

思维导图又叫心智图，是表达发射性思维的有效的图形思维工具，它简单有效，是项目经理、产品经理等人员进行产品开发设计的必备工具。常用的思维导图类工具主要包括 XMind、MindManager、MindMapper、FreeMind 等，本节将重点介绍 MindMapper 工具的使用。

6.1.1　思维导图介绍

思维导图是一种有效的思维模式，应用于记忆、学习、思考等思维"地图"，有利于人脑的发射性思维的展开。发射性思维是人类大脑的自然思考方式，每一种进入大脑的资料，不论是感觉、记忆或是想法，都可以成为一个思考中心，并由此中心向外发散出成千上万的关节点，每一个关节点代表与中心主题的一个连结，而每一个连结又可以成为另一个中心主题，再向外发散出成千上万的关节点，呈现出放射性立体结构，而这些关节的连结可以视为记忆，也就是个人数据库。图 6-1 所示为思维导图的一种最常应用的结构效果，图片中心即思考中心，每个分支和关节点即与中心有关联的连结。

图 6-1　思维导图的基本结构

6.1.2　MindMapper 工具

MindMapper 是一款专业的可视化概念图智能工具，可以通过智能绘图方法来使用该软件的节点和分支系统，将混乱的、琐碎的想法贯穿起来，整理思路，形成条理清晰、逻辑性强的成熟思维模式，最终将思想和观点可视化地表达出来。

1.　主界面

MindMapper 的主界面与常用的 Office 办公软件类似，从上到下依次为快速访问工具栏、功能区、绘图区、状态栏，如图 6-2 所示。绘图区左侧为剪贴画、视图模式等功能，右侧为可视化图标，能够使制作的思维导图更加形象。

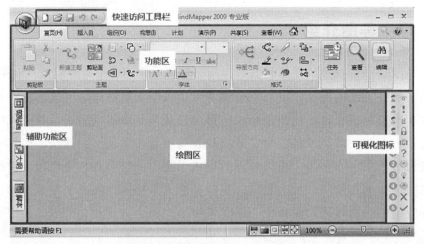

图 6-2　MindMapper 的主界面效果

2．样式多样

MindMapper 提供了多种样式的思维导图，包括发散联想型、头脑风暴型、属性列表型、过程规划型、前因后果型（鱼骨图）、逆向思维型等，可根据实际需要选择不同的样式创建思维导图。图 6-3 所示分别为发散联想型、属性列表型和鱼骨图的思维导图效果。

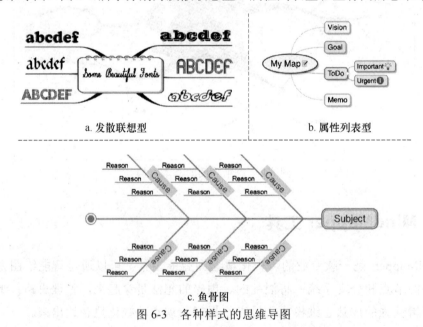

图 6-3　各种样式的思维导图

3．导出样式多

完成思维导图的制作后，可以利用 MindMapper 强大的导出功能将思维导图导出到各种程序中，如 Word、PowerPoint、Excel 等，如图 6-4 所示，以便在这些程序中分享使用 MindMapper 的数据。

图 6-4　Mindmapper 的导出功能

4．MindMapper 操作演示

下面使用 MindMapper 制作图 6-5 所示的思维导图，然后将制作的对象另存为图像文件，并分别导出到 Word 和 PowerPoint 中。通过练习掌握 MindMapper 的各种基本操作，包括修改文本、添加主题、设置导图方向、添加编号、添加图标和边界线等内容。

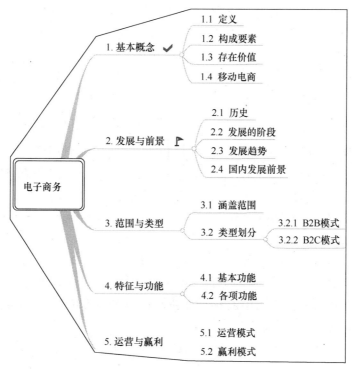

图 6-5　MindMapper 制作的思维导图参考效果

具体操作如下。

（1）启动 MindMapper，此时将打开"欢迎"对话框，如图 6-6 所示，从中可选择某种预设的思维导图样式、模板等对象，这里单击 取消 按钮。

（2）进入到 MindMapper 主界面，单击快速访问工具栏中的"新建"按钮 或直接按【Ctl+N】组合键新建空白的思维导图，此时绘图区将出现一个中心节点，双击其中的文本，将内容修改为"电子商务"，按【Enter】键确认，如图 6-7 所示。

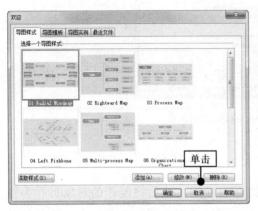

图 6-6　预设的各种样式和模板　　　　图 6-7　新建思维导图并修改中心节点

（3）选择中心节点，单击功能区中"主题"组的"新建主题"按钮 或按空格键创建子节点，输入"基本概念"后按【Enter】键确认，如图 6-8 所示。

（4）按相同方法继续创建中心节点的其他子节点，如图 6-9 所示。

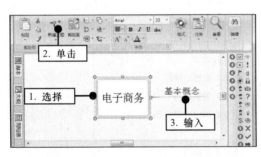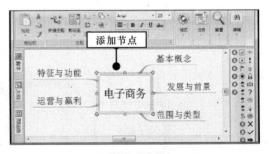

图 6-8　创建子节点并输入内容　　　　图 6-9　继续创建其他子节点

（5）选择中心节点，在功能区的"格式"组中单击"导图方向"按钮 下方的下拉按钮 ，在弹出的下拉列表中选择"向右"选项，如图 6-10 所示。

（6）继续单击"格式"组中的 格式 按钮，在弹出的下拉列表中选择"自动编号→1,2,3"选项，如图 6-11 所示。

（7）选择"1.基本概念"子节点，单击右侧可视化图标区中的"检查"图标 ，如图 6-12 所示。

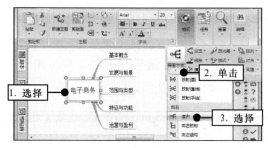

图 6-10　更改思维导图结构方向

图 6-11　为思维导图子节点自动添加编号

（8）所选图标将添加到该子节点右侧。按相同方法为"2.发展与前景"子节点添加"邮递"图标，如图 6-13 所示。

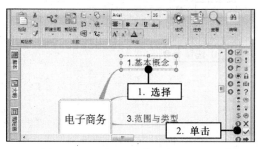

图 6-12　添加可视化图标

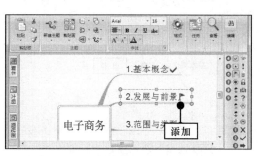

图 6-13　添加可视化图标后的效果

（9）选择各子节点，按前面介绍的方法利用空格键创建下级子节点，并输入相应的内容，如图 6-14 所示。

（10）选择"1.基本概念"子节点，在"查看"组中单击"向上折叠"按钮下方的下拉按钮，在弹出的下拉列表中选择"全部折叠"选项，如图 6-15 所示。

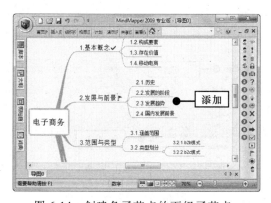

图 6-14　创建各子节点的下级子节点

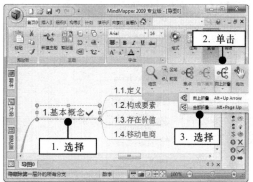

图 6-15　折叠下级子节点

 提示：在"查看"组中单击"拖动"按钮，可进入拖动模式。此时在绘图区中按住鼠标左键不放并拖曳鼠标，可快速查看思维导图的各处内容。当思维导图内容无法完全在绘图区上显示时，此方法非常适用。再次单击该按钮可退出拖动模式。

（11）此时所选节点的子节点将折叠隐藏，单击折叠后出现的"展开"标记⊕，可重新展开显示子节点内容，如图 6-16 所示。

（12）选择中心节点，在"主题"组中单击"边界线"按钮下方的下拉按钮，在弹出的下拉列表中选择"喇叭形→直线"选项，如图 6-17 所示。

 提示：选中某个节点后，在"主题"组中单击"超链接"按钮，在弹出的下拉列表中选择相应的命令可将节点设置为超链接，并可指定链接目标为本地文件、文件夹、网址或 E-mail。

图 6-16　折叠隐藏子节点

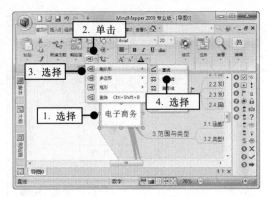

图 6-17　添加边界线

（13）单击主界面左上角的"文件"按钮，在弹出的下拉列表中选择"另存为→图像"菜单命令，如图 6-18 所示。

（14）打开"另存为"对话框，在左侧列表框中选择"桌面"选项，在"文件名"下拉列表框中输入"电子商务课程体系.jpg"，单击 保存(S) 按钮，如图 6-19 所示。

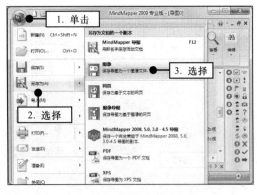

图 6-18　另存为图像

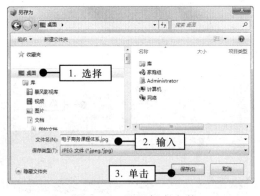

图 6-19　设置保存参数

（15）打开提示对话框，单击 是(Y) 按钮，如图 6-20 所示。

（16）在桌面上双击保存的"电子商务课程体系"图像文件，可查看思维导图效果，如图 6-21 所示。

图 6-20　确认保存

图 6-21　查看图像效果

（17）再次单击"文件"按钮 ，在弹出的下拉列表中选择"导出→导出到 Microsoft Word"菜单命令，如图 6-22 所示。

（18）打开"导出到 Microsoft Word"对话框，直接单击 确定(O) 按钮，如图 6-23 所示。

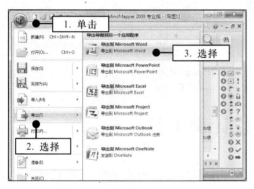

图 6-22　导出到 Word

图 6-23　设置导出参数

（19）稍后将自动启动 Word 软件，并显示思维导图导出到 Word 中的效果，即将各节点按不同层次自动排列为 Word 中不同级别的段落，如图 6-24 所示。

（20）继续单击"文件"按钮 ，选择"导出→导出到 Microsoft PowerPoint"菜单命令，打开"导出到 Microsoft PowerPoint"对话框，单击 更改(C) 按钮指定某个 PowerPoint 模板，然后单击 确定(O) 按钮，如图 6-25 所示。

图 6-24　思维导图导出到 Word 中的效果

图 6-25　设置导出 PowerPoint 的参数

（21）自动启动 PowerPoint 软件，并根据思维导图的层次创建了对应的多张幻灯片，如图 6-26 所示。

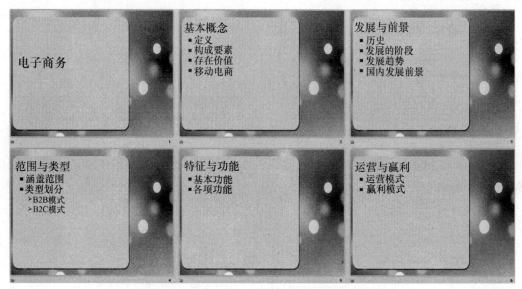

图 6-26　思维导图导出到 PowerPoint 中的效果

📶 6.2　原型设计类工具

交互设计师、产品经理在开发和设计产品时，都会根据需要做一些产品的界面原型，通过界面原型与用户沟通，使用户能更加直观地看到产品开发后的大概情况，进而获取用户的真正需求。

界面原型可以表达产品能做什么，即功能性需求，虽然不是真正的系统，但又可以达到与产品真正运行起来相同的效果。界面原型设计类工具有很多，常见的包括 Axure、JustinMind、iPhone Mockup 等，下面依次介绍。

6.2.1　Axure

Axure 由美国 Axure Software Solution 公司开发，是一个专业的快速原型设计工具。Axure 的应用非常广泛，许多企业都会使用它进行界面原型设计，使用者主要包括商业分析师、信息架构师、可用性专家、产品经理、IT咨询师、用户体验设计师、交互设计师、界面设计师、架构师、程序开发工程师等。

1. 主界面

Axure 的主界面有许多部分组成，包括菜单栏、工具栏、设计区域、页面导航面板、控件面板、模板面板、控件交互面板、属性和样式面板、动态面板管理区域、页面设计区域等，具体如图 6-27 所示。

图 6-27　Axure 的主界面构成

2．控件面板

控件面板提供了大量的原型控件，是原型设计的重要元素，包括流程图、线框图等，如图 6-28 所示。使用时只需将需要的控件从控件面板中拖曳到设计区域即可。

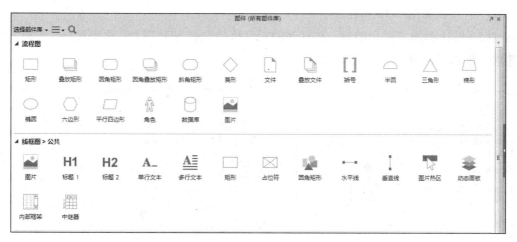

图 6-28　各种类型的控件对象

3．设计区域

设计区域是编辑原型的核心区域,在其中可对添加到区域中的控件对象进行布局、属性设置、样式设置等操作。在设计区域中的操作方法非常简单，通过鼠标可以选中、拖曳、缩放对象，具体使用将在下面的操作演示中介绍。

4．Axure 操作演示

下面使用 Axure 制作图 6-29 所示的注册系统界面原型，通过练习掌握 Axure 中控件的添加、编辑、设置，Axure 文件的保存、预览等操作。

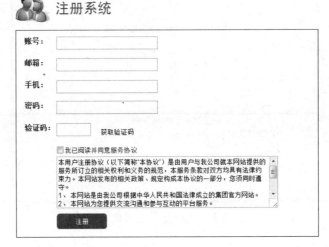

图 6-29　注册系统原型界面参考效果

具体操作如下。

（1）启动 Axure，在控件面板的"线框图>公共"栏中将"图片"控件拖曳到设计区域左上角，如图 6-30 所示。

（2）设计添加的图片控件，在打开的对话框中选择某张图片，这里选择"人物.jpg"选项，单击 打开(O) 按钮，如图 6-31 所示。

图 6-30　添加控件

图 6-31　选择图片

（3）打开"自动调整"对话框，单击 是(Y) 按钮保留图片原大小，如图 6-32 所示。

（4）选择图片，拖曳右下角的控制点，缩小图片尺寸，如图 6-33 所示。

图 6-32 自动调整图片

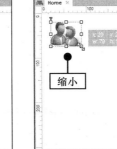

图 6-33 缩小图片

（5）将"单行文本"控件添加到设计区域，双击控件内部，将文本修改为"注册系统"，然后单击"样式"选项卡，将字体设置为"黑体"、字号设置为"28"、字体颜色设置为"绿色（008000）"，如图 6-34 所示。

（6）拖曳控件右侧中央的控制点，将文本设置成一行显示，然后拖曳控件到图片右侧，当出现图 6-35 所示的智能辅助参考线时释放鼠标。

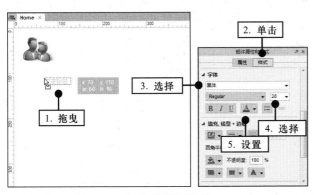

图 6-34 添加并设置控件

图 6-35 拖曳控件

（7）拖曳"矩形"控件到设计区域，利用智能参考线使其与图片左端对齐，在"样式"选项卡中将宽和高分别设置为"600"和"400"，并将边框颜色设置为"蓝色（0000FF）"，如图 6-36 所示。

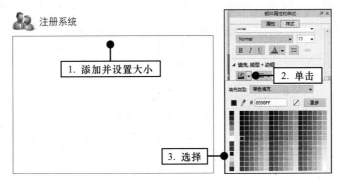

图 6-36 添加并设置"矩形"控件

（8）拖曳"标题 1"控件到设计区域的矩形控件左上角，单击该控件右上方的圆点标记，在弹出的下拉列表中选择"H4"选项，更改字号大小，如图 6-37 所示。

（9）双击"标题 1"控件内部，将文本修改为"账号："，如图 6-38 所示。

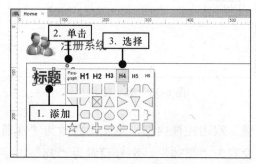

图 6-37　添加并设置控件大小

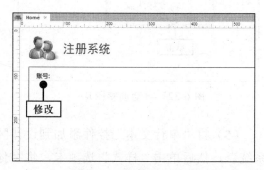

图 6-38　修改控件内容

（10）拖曳"线框图>窗体"栏的"文本框（单行）"控件到"账号："控件右侧，单击"属性"选项卡，在"类型"下拉列表中选择"Text"选项，在"最大文字数"文本框中输入"11"，如图 6-39 所示。

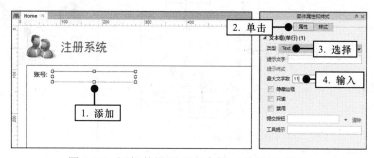

图 6-39　添加并设置"文本框（单行）"控件

（11）按住【Shift】键的同时选择"账号："和文本框控件，然后按住【Ctrl+Shift】组合键向下拖曳，垂直复制所选控件，如图 6-40 所示。

（12）将"账号："修改为"邮箱："，选择文本框控件，在"属性"选项卡中将类型更改为"邮箱"，删除"最大文字数"文本框中的内容，如图 6-41 所示。

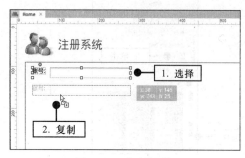

图 6-40　复制控件

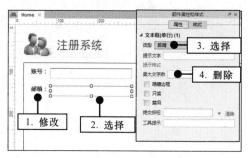

图 6-41　修改控件

（13）按相同方法复制并修改控件，其中"手机："控件对应的文本框控件类型为"电话号码"、"密码："控件对应的文本框控件类型为"密码"，然后适当缩短"验证码："控件对应的文本框控件长度，如图6-42所示。

（14）在"验证码："控件对应的文本框控件右侧添加"线框图>公共"栏的"单行文本"控件，修改内容为"获取验证码"，字体颜色设置为"蓝色"，如图6-43所示。

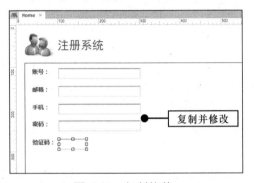

图 6-42　复制控件

图 6-43　添加并设置"单行文本"控件

提示：由于"验证码："文本内容较其他文本内容的长度更长，为了使界面原型更加美观，可利用【Shift】键同时选中所有"文本框（单行）"控件，然后按【→】键向右微调控件的位置。

（15）添加"线框图>窗体"栏的"复选框"控件到"验证码："控件下方，与上方的"文本框（单行）"控件左端对齐，并输入"复选框"控件的内容，然后将文本调整为一行显示，如图6-44所示。

（16）继续添加"线框图>窗体"类的"文本框（多行）"控件到"复选框"控件下方，左端对齐，适当调整控件大小，然后双击控件内部输入具体的内容，如图6-45所示。

图 6-44　添加并设置"复选框"控件

图 6-45　添加并设置"文本框（多行）"控件

（17）在"文本框（多行）"控件下方添加"线框图>公共"栏的"圆角矩形"控件，将文本内容修改为"注册"，然后将文本颜色设置为"白色"，矩形填充颜色设置为"绿色"，如图6-46所示。

（18）按【Ctrl+S】组合键保存制作的原型文件，然后按【F5】键或选择"发布→预览"菜单命令即可预览制作的原型效果，如图 6-47 所示。

图 6-46　添加并设置"圆角矩形"控件

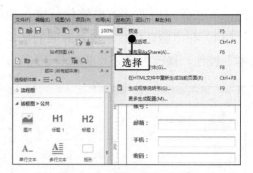

图 6-47　保存后预览文件

6.2.2　JustinMind

JustinMind 是由西班牙 JustinMind 公司出品的原型制作工具，可以输出 HTML 页面，与目前主流的交互设计工具 Axure，Balsamiq Mockups 等相比，JustinMind 更专注于设计移动终端上的 APP 应用。JustinMind 提供了适合手机的更为全面的手势支持和丰富的 Widgets 组件，在移动设备上可以高仿真地实现各种手势效果。

JustinMind 的主界面可以划分为五大区域，各区域又由不同的组件构成，具体如图 6-48 所示。

提示：Widgets 组件代表自包含的代码包，它可以用来建立大部分现代流行的图形用户接口，是任何用 SWT（标准窗口部件）所建立程序的基础。

图 6-48　Justinmind 的主界面解析

JustinMind 能够很方便地进行移动端 APP 的原型设计,充分为移动端设计而考虑,不用代码编程,就能轻松实现交互效果,特别是对应移动端各种触摸操作的响应和反馈,完全可以实现高级交互。而且,JustinMind 生成的原型可以直接导入手机中,进行仿真的操作,更直观地感受原型的魅力。图 6-49 所示为使用 JustinMind 制作的设计草图效果。

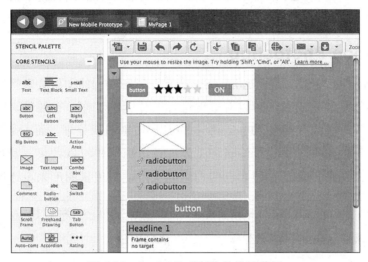

图 6-49　JustinMind 制作的设计草图

6.2.3　iPhone Mockup

iPhone Mockup 是一个在线原型设计软件,可绘制简单线框图和手绘风格线框图两种风格的原型。iPhone Mockup 操作简单,使用时直接将界面提供的组件拖放到手机中需要的区域即可。由于是在线操作,所以 iPhone Mockup 更便于协同创作和在线查看。图 6-50 所示即为使用 iPhone Mockup 制作的两种不同风格的原型效果。

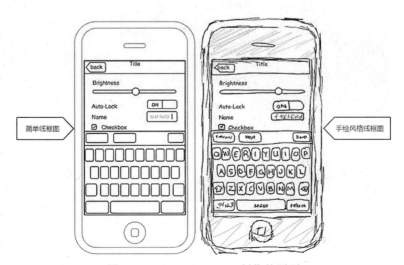

图 6-50　iPhone Mockup 制作的原型

6.3 图片处理类工具

移动电子商务网站平台开发或移动电子商务 APP 等移动应用产品的设计，都少不了页面设计，因此也不可避免地需要使用到大量图片。为了使图片质量、尺寸等各方面参数满足设计需求，设计师都会使用一些图片处理工具对图片进行适当调整。下面就介绍几款图片处理类工具的使用方法，包括 Photoshop、Illustrator、Fireworks 等。

6.3.1 Adobe Photoshop

Photoshop 简称"PS"，是由 Adobe Systems 开发和发行的图像处理软件。Photoshop 拥有众多的编修与绘图工具，可以有效地进行图片编辑工作，在图像、图形、文字、视频、出版等各方面都有涉及。Photoshop 的专长在于图像处理，而不是图形创作。图像处理是对已有的位图图像进行编辑加工处理及运用一些特殊效果，其重点在于对图像的处理加工。图形创作是按照自己的构思创意，使用矢量图形来设计图形。

> 提示：简单来说，矢量图是由线段和曲线构成的图形，放大不会失真（模糊）；位图是由像素构成的图像，放大会越来越模糊。

1．主界面

Photoshop 的主界面如图 6-51 所示，主要由菜单栏、工具属性栏、工具箱、图像文件、属性面板等部分组成。

图 6-51　Photoshop 主界面

- **菜单栏**：包含了各种与图像编辑相关的菜单命令及其他辅助性功能，如界面布局、显示比例、窗口大小控制按钮等。
- **工具属性栏**：根据当前选择的工具同步显示对应的工具属性参数，以便更好地使用所选工具进行图像编辑操作。
- **工具箱**：包含了各种与图像编辑相关的工具。
- **图像文件**：显示需要编辑的图像文件，选择工具后可直接在图像文件上进行编辑操作。
- **属性面板**：包含各种属性面板，可以更加深入地进行图像编辑操作，如"颜色"面板可以进行颜色设置、"图层"面板可以管理图像图层等。

2．属性面板

属性面板是 Photoshop 非常重要的组成部分，是进行颜色选择、图层编辑、通道操作、路径编辑等操作的主要功能面板。Photoshop 可使用的属性面板不只是显示在主界面中的几组，选择"窗口"菜单命令，可在弹出的下拉列表中选择相应的属性面板命令，从而实现将该面板显示或隐藏在主界面的效果。

属性面板的显示状态可以分为按钮状态和面板状态，如图 6-52 所示，切换两种状态的方法为：单击属性面板右上角的"展开"按钮◼◀◀或"折叠"按钮◼▶▶。

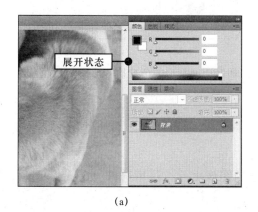
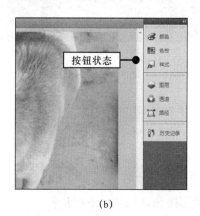

(a)　　　　　　　　　　　　　　　　(b)

图 6-52　属性面板的两种显示状态

3．切图

切图是指将一幅图像切分为多个独立的图像，此操作非常适用于将图像快速转换为网页的情况，每幅图像可以独立保存，以方便网页更新维护。图 6-53 所示为使用切片工具切分图像后的效果。

4．导出图像

在 Photoshop 中处理完图像后，可通过"存储为"功能将图像导出为所需的任何图像格式，如图 6-54 所示。具体使用方法将在下面的操作演示中进行介绍。

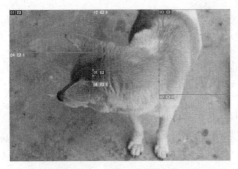

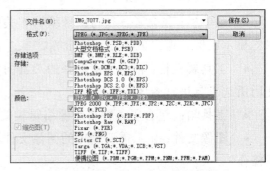

图 6-53　Photoshop 的切图效果　　　　图 6-54　Photoshop 支持的图像格式

5．Photoshop 操作演示

下面使用 Photoshop 处理一幅图像文件，并将一幅图像文件转换为网页文件，制作后的效果如图 6-55 所示，通过练习掌握在 Photoshop 中调整图像大小、新建文件、保存文件、打开文件、添加文字、使用切片工具等操作。

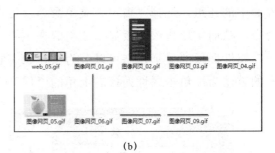

(a)　　　　　　　　　　　　　　　　　　(b)

图 6-55　处理后的图像与转换为网页后的图片切片

具体操作如下。

（1）启动 Photoshop，选择"文件→打开"命令或直接在中间的空白区域双击鼠标，如图 6-56 所示。

（2）打开"打开"对话框，选择需要的图像文件，这里选择"fj.jpg"选项，单击 打开(0) 按钮，如图 6-57 所示。

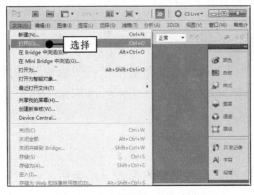

图 6-56　选择"打开"命令　　　　　　图 6-57　选择图像文件

（3）向下拖曳图像文件的标题选项卡，使其独立显示，如图 6-58 所示。

（4）在单独显示后的图像文件窗口的标题栏上单击鼠标右键，在弹出的快捷菜单中选择"图像大小"命令，如图 6-59 所示。

图 6-58　单独显示图像文件

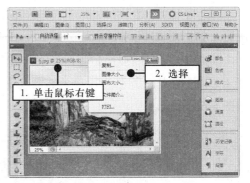

图 6-59　设置图像大小

（5）打开"图像大小"对话框，在上方的"宽度"文本框中输入"600"，此时下方的"高度"文本框将自动调整数值，单击 确定 按钮，如图 6-60 所示。

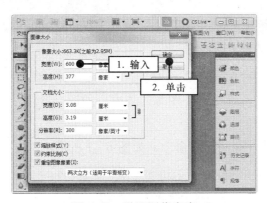

图 6-60　设置图像宽度

（6）选择"文件→新建"菜单命令新建空白的图像文件，如图 6-61 所示。

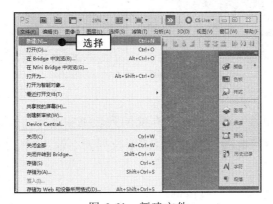

图 6-61　新建文件

提示：在"图像大小"对话框中取消选中"约束比例"复选框，可单独调整图像的宽度和高度，但非等比例调整会导致图像变形。

（7）打开"新建"对话框，将宽度和高度分别设置为"600"和"200"，单击 确定 按钮，如图 6-62 所示。

（8）拖曳图像标题选项卡，分离两个图像文件。单击"移动工具"按钮 ，选择"fj.jpg"图像文件所在的窗口，然后将其中的图像文件拖曳到新建的图像文件窗口中，如图 6-63 所示。

图 6-62　设置文件大小

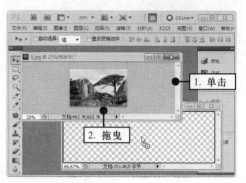

图 6-63　拖曳图像文件

（9）关闭但不保存"fj.jpg"图像文件，在新建的图像文件窗口中按【Ctrl+T】组合键，拖曳出现的控制点适当调整图像的高度，如图 6-64 所示。完成后按【Enter】键确认变形。

（10）选择"文件→存储为"命令，如图 6-65 所示。

图 6-64　变形图像

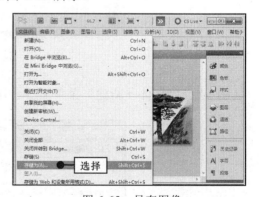

图 6-65　另存图像

（11）打开"存储为"对话框，在左侧的列表框中选择"桌面"选项，在"格式"下拉列表中选择"JPEG"选项，在"文件名"下拉列表中输入"图片 1.jpg"，单击 保存(S) 按钮，如图 6-66 所示。

（12）打开"JPEG 选项"对话框，拖曳"图像选项"栏中的滑块至最后侧，单击 确定 按钮，如图 6-67 所示。

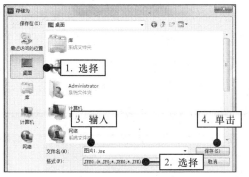

图 6-66 设置保存参数

图 6-67 设置保存质量

（13）打开刚保存的"图片 1.jpg"图像文件，单击"横排文字工具"按钮T，在图像上方单击鼠标，输入"风景图片"，如图 6-68 所示。

（14）拖曳鼠标选择输入的内容，选择右侧的"字符"面板，设置字体为"幼圆"、字体大小为"18 点"、水平缩放为"120%"、字符间距为"200"、字体颜色为"白色"，如图 6-69 所示。

图 6-68 输入文字

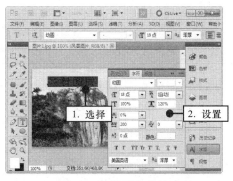

图 6-69 设置文字格式

（15）使用移动工具将文字移动到图像左下方，如图 6-70 所示。

（16）打开一幅 LOGO 图像，并将其拖曳到"图片 1"图像文件中，按【Ctrl+T】组合键进入变形状态，按住【Shift】键不放等比例缩小图像，按【Enter】键确认变形，最后使用移动工具将其移动到图像左上方，如图 6-71 所示。

图 6-70 移动文字

图 6-71 添加图像并调整大小和位置

（17）在"快速选择工具"按钮上单击鼠标右键，在弹出的下拉列表中选择"魔棒工具"选项，在 LOGO 图像的白色区域单击鼠标选择所有白色选区，如图 6-72 所示。按【Delete】键删除所选选区，然后按【Ctrl+D】组合键取消选区。

（18）选择"文件/存储为"菜单命令，打开"存储为"对话框，将其格式设置为"jpg"格式，并以"图片 2"为名保存在桌面上，如图 6-73 所示。

图 6-72　选择并删除选区

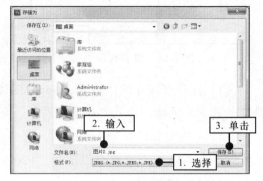

图 6-73　保存图像

提示：单击工具箱中的"缩放工具"按钮，在图像上单击鼠标可放大图像显示比例；按住【Alt】键的同时单击鼠标可缩小图像显示比例。

（19）关闭所有图像文件窗口，然后打开一幅网页图像，单击"切片工具"按钮，在图像上方的"Banner"区域拖曳鼠标，切割出一块区域，如图 6-74 所示。

（20）继续在图像的导航条区域进行切片，如图 6-75 所示。

图 6-74　切割图像

图 6-75　切割图像

提示：如果发现切片区域不准确，可在已切片的区域单击鼠标右键将其选中，然后单击鼠标取消快捷菜单，拖曳切片区域的控制点重新调整该区域即可。

（21）按相同方法继续进行切片操作，其中中间的两幅图像为一个区域，下方的图像展示栏为一个区域，如图 6-76 所示。

（22）选择"文件→存储为 Web 和设备所用格式"菜单命令，如图 6-77 所示。

图 6-76　切割图像　　　　　　　　　　　图 6-77　保存为 Web

（23）打开"存储为 Web 和设备所用格式"对话框，在右侧"预设"下拉列表下方的下拉列表中选择"GIF"选项，单击　存储　按钮，如图 6-78 所示。最后在自动打开的"将优化结果存储为"对话框中设置保存位置和名称即可。

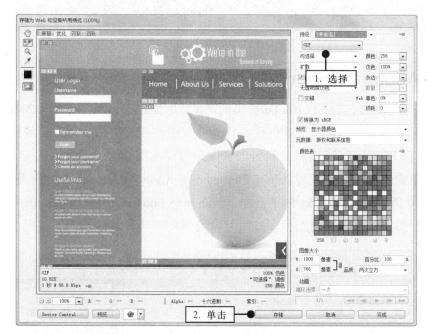

图 6-78　设置 Web 图像格式

6.3.2　Adobe Illustrator

Adobe Illustrator 是一款非常好用的图片处理工具，被广泛应用于印刷出版、海报书籍排版、专业插画、多媒体图像处理和互联网页面的制作等领域，也可以为线稿提供较高的精度和控制，适合完成任何小型到大型的复杂项目设计工作。

Illustrator 的主界面与 Photoshop 非常相似，如图 6-79 所示。二者在一定程度上可以共享资源，如将 Photoshop 处理的位图导入到 Illustrator 中，或将 Illustrator 制作的矢量图导入到 Photoshop 中，以进行加工处理。

图 6-79　Illustrator 主界面

6.3.3　Adobe Fireworks

Adobe Fireworks 同样是 Adobe 推出的产品，主要用于网页图像制作和处理，它可以加速网页设计与开发，是一款创建与优化网页图像和快速构建网站与网页界面原型的理想工具。Fireworks 不仅具备编辑矢量图形与位图图像的灵活性，还提供了一个预先构建资源的公用库，并可与 Adobe Photoshop、Adobe Illustrator 等软件兼容共享。

图 6-80 所示为 Fireworks 的主界面，其布局与 Photoshop 和 Illustrator 相同，常用于优化网页图像，制作网站图标、按钮等，是网页制作时处理图像的常用工具。

图 6-80　Fireworks 主界面

6.4　网页设计类工具

网页设计是指根据客户希望向浏览者传递的信息（包括产品、服务、理念、文化）来进行的网站功能策划、页面设计、制作和页面美化的工作。本节将介绍网页设计类软件的使用方法。

6.4.1　网页设计软件介绍

HTML、CSS、JS 等代码是网页的基本元素，虽然编写这些代码可以用记事本、Word 等工具来实现，但设计与制作起来非常费力。如果使用专门的网页设计软件就可以更加直观和高效地进行设计制作。常见的网页设计软件包括 Dreamweaver、EditPlus 等，这些软件采用了多种先进技术，能够快速高效地创建极具表现力和动感效果的网页，使网页创作过程变得非常简单。

6.4.2　Adobe Dreamweaver

Adobe Dreamweaver 简称"DW"，是 Adobe 公司开发的集网页制作和管理网站于一身的所见即所得网页编辑器，是第一套针对专业网页设计师特别设计的视觉化网页开发工具，通过它可以轻而易举地制作出跨越平台限制和跨越浏览器限制的充满动感的网页。

1．主界面

Dreamweaver 的主界面如图 6-81 所示，主要由菜单栏、网页编辑区、属性栏、功能面板等部分组成。

图 6-81　Dreamweaver 主界面

- **菜单栏**：包含了各种与网页编辑相关的菜单命令及其他辅助性功能，如站点管理、布局切换等。

- **网页编辑区**：以选项卡的形式显示当前编辑的网页对象，在其中可完成网页的制作操作。

- **属性栏**：根据当前编辑的对象同步显示不同的属性参数，以更加精确地对编辑的对象进行设置。

- **功能面板**：包含各种属性面板，可以更加深入地进行网页编辑操作，如"CSS样式"面板可以定义 CSS 样式、"历史记录"面板可以查看或更改操作的记录等。

2. 视图模式

Dreamweaver 提供了三种文档窗口视图方式，分别对应三种不同的工作类型，即设计视图、代码视图和拆分视图。单击网页编辑区上方相应的视图按钮即可在各个视图方式中切换。

- **设计视图**：一种所见即所得的视图方式，所有网页对象都以图形化方式呈现，进行页面设计时常采用这种方式。

- **代码视图**：纯文本视图方式，文档窗口全部以文本显示，并显示行号，编写网页或程序代码时常采用这种方式。

- **拆分视图**：文档窗口被平分为左右两部分，左侧以代码视图呈现，右侧以设计视图呈现，无论在哪部分做了修改，另一部分都将出现相应的变化。拆分视图是前两种视图方式的折中，适合需要同时设计页面和修改代码的情况，如图 6-82 所示。

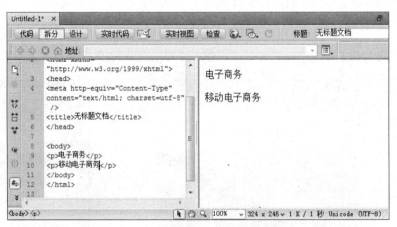

图 6-82　Dreamweaver 的拆分视图效果

3. 人性化代码编写功能

Dreamweaver 具备人性化的代码编写功能，当输入错误代码时，会自动提示出错的代码位置，以方便用户检查并修改，如图 6-83 所示。

4．兼容多种网页类型

Dreamweaver 支持静态网页、动态网页等多种网页类型，包括 HTML、CSS、JavaScript、ASP、JSP、PHP 等，如图 6-84 所示。

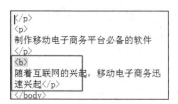

图 6-83　高亮显示错误代码

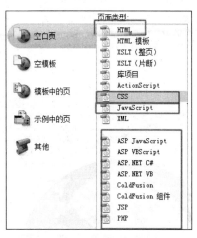

图 6-84　各种网页类型

5．Dreamweaver 操作演示

下面使用 Dreamweaver 制作华为手机产品详情页面，通过练习掌握 HTML 网页的制作、图像的插入、表格的使用、文字的输入与设置、超链接的使用等操作。最终效果如图 6-85 所示。

图 6-85　手机产品详情页面参考效果

具体操作如下。

（1）启动 Dreamweaver，在欢迎界面选择"新建"栏中的"HTML"选项，如图 6-86 所示。

（2）新建空白 HTML 网页后，按【Ctrl+S】组合键打开"另存为"对话框，选择左侧列表框中的"桌面"选项，在"文件名"下拉列表中输入"演示"，单击 保存(S) 按钮，如图 6-87 所示。

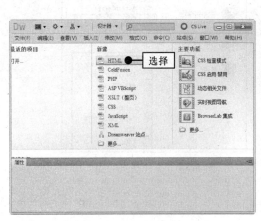

图 6-86　选择网页类型　　　　　　　　图 6-87　保存新建的网页

（3）选择"插入→图像"菜单命令，如图 6-88 所示。

（4）打开"选择图像源文件"对话框，选择需插入的图片，单击 确定 按钮，如图 6-89 所示。

图 6-88　插入图像　　　　　　　　　　图 6-89　选择图像

（5）打开"图像标签辅助功能属性"对话框，直接单击 确定 按钮，如图 6-90 所示。

（6）选择插入的图像，拖曳右下角的控制点，适当缩小图像尺寸，如图 6-91 所示。

（7）在图像右侧空白区域单击鼠标定位插入点，按【Enter】键换行，然后输入"华为手机"，如图 6-92 所示。

图 6-90　默认图像设置

图 6-91　缩小图像

（8）选择输入的文本内容，单击 代码 按钮切换到代码视图方式，将代码"<p>华为手机</p>"修改为"<p align="center">华为手机</p>"，即将文本居中对齐，如图 6-93 所示。

图 6-92　输入文本

图 6-93　使用代码设置对齐方式

（9）继续在该视图中对图像所在的代码段落进行同样的修改，目的在于对图像也进行居中对齐处理，如图 6-94 所示。

（10）单击 设计 按钮返回设计视图方式，在"华为手机"文本右侧的空白区域单击鼠标定位插入点，按【Enter】键换行，然后选择"插入→表格"菜单命令，如图 6-95 所示。

图 6-94　修改代码

图 6-95　插入表格

（11）打开"表格"对话框，将行数和列数分别设置为"4"和"2"，单击 确定 按钮，如图 6-96 所示。

（12）单击插入表格中的每个单元格，依次输入相应的文本内容，然后拖曳鼠标选择最后一行的两个单元格，如图 6-97 所示，按【Delete】键删除。

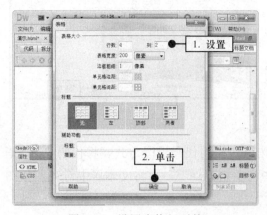

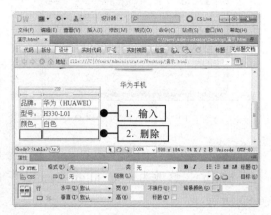

图 6-96　设置表格行列数　　　　　　　　图 6-97　输入内容并删除单元格

（13）拖曳表格每一列的列线，适当增加各列的列宽，如图 6-98 所示。

（14）在"白色"文本右侧单击鼠标定位插入点，按【Tab】键插入一行，如图 6-99 所示。

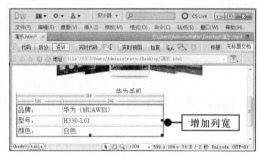

图 6-98　调整列宽　　　　　　　　　　　图 6-99　插入行

（15）选择插入的两个空白单元格，单击下方属性栏中的"合并单元格"按钮，如图 6-100 所示。

（16）在合并的单元格中输入产品详情相关内容，换行时按【Enter】键操作，如图 6-101 所示。

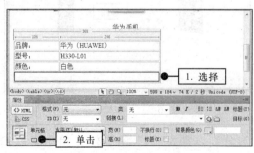

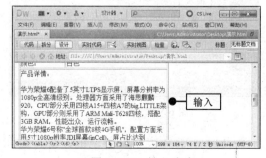

图 6-100　合并单元格　　　　　　　　　　图 6-101　输入内容

（17）单击表格边框选择整个表格，在属性栏的"填充"文本框中输入"5"，如图 6-102 所示。

（18）选择"产品详情："文本，在属性栏中单击"加粗"按钮 **B**，如图 6-103 所示。

图 6-102　填充表格

图 6-103　加粗文本

（19）在表格右侧的空白区域单击鼠标定位插入点，按【Enter】键换行，输入"官方网站地址：华为官网"，如图 6-104 所示。

（20）选择"华为官网"文本，在属性栏的"链接"文本框中输入 http://www.huawei.com/cn，如图 6-105 所示。

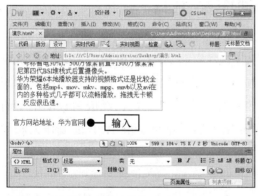

图 6-104　输入文本

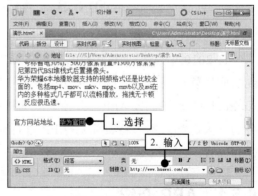

图 6-105　创建超链接

 提示：创建超链接后，可在属性栏的"目标"下拉列表框中设置单击该超链接后网页的打开方式，其中"_blank"表示在原窗口中打开，"_new"表示在新窗口中打开，"_parent"表示在父框架集中打开，"_self"表示在相同框架中打开，"_top"表示在整个窗口中打开。

（21）选择"文件→另存为"菜单命令，如图 6-106 所示。

（22）打开"另存为"对话框，在"文件名"下拉列表中输入"huawei"，单击 保存(S) 按钮即可，如图 6-107 所示。按【F12】键即可在浏览器中预览网页效果。

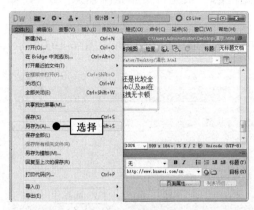

图 6-106　另存网页　　　　　　　　图 6-107　设置文件名称

提示：这里只是简单介绍了在 Dreamweaver 中进行网页制作的基本方法，如果想要在互联网中访问制作的网页，则还会涉及很多的操作，比如需要在 Dreamweaver 中创建站点，将制作的网页和图像等各种相关素材都保存到站点中，然后需要在互联网中拥有自己的空间，并利用 FlashFXP 等上传文件工具将站点上传到空间中，才能正常访问。另外，如果想用手机访问网页，则还需要特定的代码，以便根据手机的大小自动调整网页内容的显示大小。

6.5　APP 制作类工具

自 2010 年京东、淘宝等电子商务推出各自的客户端 APP 到现在，APP 已经从单纯的应用软件逐渐融入到现代都市人的衣食住行之中，成为一种生活方式。在 iOS 和 Android 系统上推出 APP，并使之成为贡献销售的一个新接口，已经成为移动电子商务的一大趋势。本节将首先对 APP 进行简单介绍，然后重点讲解 APP 的制作方法和制作流程。

6.5.1　APP 介绍

APP 是英文 Application 的简称，通常是指苹果、安卓等智能移动设备的应用程序。APP 一开始只是作为一种第三方应用的合作形式参与到互联网商业活动中，但随着互联网越来越开放化，APP 应用一方面可以积聚各种不同类型的网络受众，另一方面可以借助 APP 平台获取流量。

APP 的优势十分明显，它不仅支持更丰富的交互设计，更好的用户体验，而且对设备有更大的控制权，如获得用户位置，使用摄像头、陀螺仪、NFC 等，能够与用户有更好的互动。

开发 APP 需要参考不同的手机操作系统，目前主流的手机操作系统有苹果 iOS 系统、谷歌 Android 系统、微软 Windows Phone 系统。在不同的操作系统下，开发 APP 的语言也不同，具体如表 6-1 所示。

表 6-1　不同平台下 APP 的开发语言

公司	操作系统	APP 开发语言
苹果	iOS	Objective-C
谷歌	Android	Java
微软	Windows Phone	C#

6.5.2　Android 平台下 APP 的开发流程

在 Android 平台下开发 APP，主要包括开发平台的搭建、开发软件的下载与安装、Android 工程的创建、主程序的编辑，以及运行结果的预览和调试等环节，如图 6-108 所示。

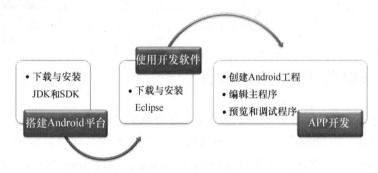

图 6-108　Android 平台下 APP 的开发流程

- **下载与安装 JDK**：JDK（Java Development Kit）是 Java 语言的软件开发工具包，主要用于移动设备、嵌入式设备上的 Java 应用程序。由于在 Android 平台上开发 APP，因此使用的开发语言是 Java，JDK 则是与之相关的开发包合集，是必备的开发工具。

- **下载与安装 SDK**：SDK（Software Development Kit）是一些被软件工程师用于为特定的软件包、软件框架、硬件平台、操作系统等创建应用软件的开发工具集合，在 Android 平台使用 Java 开发 APP 时，需要用到 SDK 中的各种工具辅助开发。

- **下载与安装 Eclipse**：Eclipse 是一个开放源代码的、基于 Java 的可扩展开发平台，下载并安装该工具后，才能以其为平台进行 APP 开发工作。

- **创建 Android 工程**：一个 APP 实际上就是由一个 Android 工程而来，因此开发 APP 的第一步，就是在 Eclipse 中创建一个 Android 工程。

- **编辑主程序**：在 Android 工程中使用 Java 语言及其他辅助工具进行 APP 主程

序的编辑和开发，图 6-109 所示为一个最简单的 APP 程序"HelloAndroid"。

- **预览和调试程序：**主程序开发完成或开发完某一个功能后，都需要及时进行预览，以查看功能是否正确，运行是否流畅等，当出现问题时，可以马上调试并修改。图 6-110 所示为运行"HelloAndroid"主程序后的效果。

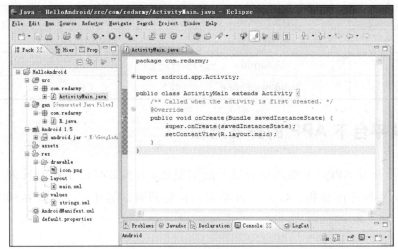

图 6-109　编辑主程序

图 6-110　运行并
预览主程序

6.5.3　快速制作 APP 应用软件

如果不具备 Java 语言的编程能力，那么使用 JDK、SDK、Eclipse 等工具开发 APP 就显得非常困难。如果制作的是一些功能较为简单的 APP，则可以使用一些软件快速进行 APP 的制作。这类软件包括 AppMakr、AppCan、AppBook 等。

- **AppMakr：**AppMakr 是国外比较流行的应用生成工具，在国内也享有一定知名度。使用该工具可以在几分钟内创建创建 IPhone 和 Android 应用，无需编码能力。同时还具备将网站连接到应用程序、HTML5 应用、推送通知和广告支持等功能。

- **AppCan：**AppCan 属于移动应用开发平台，应用引擎支持 HybridApp 的开发和运行，并且着重解决了基于 HTML5 的移动应用"不流畅"和"体验差"的问题。使用 AppCan 应用引擎提供的 Native 交互能力，可以让 HTML5 开发的移动应用基本接近 NativeApp 的体验。另外，AppCan 支持多窗口机制，让开发者可以像最传统的网页开发一样，通过页面链接的方式灵活的开发移动应用。基于这种机制，开发者可以开发出大型的移动应用，而不是只能开发简易类型的移动应用。

- **AppBook：**AppVook 平台是一个多平台移动应用制作工具，包括 Iebook 平台、AppBook 应用制作平台等，可以广泛用于书籍制作、个人杂志发行、宣传手册制作等，支持 IPad、IPhone、Andriod 等平台，但不支持 PC 平台，可以实现一次编译多平台发布的目的。

6.6　流程图类工具

流程图能够辅助决策制定，让管理者清楚地知道问题可能出在什么地方，从而确定出可供选择的行动方案。在移动电子商务中，流程图可以为产品在功能开发时制定出详细的操作流程，不仅可以使产品经理了解清晰的产品功能，也能让开发者全面了解所有流程从而更为精准地进行开发。

6.6.1　流程图介绍

流程图对准确了解事情是如何进行的，以及决定应如何改进过程极有帮助。具体来说，以特定的图形符号加上说明来表示算法的图，可称为流程图或框图，也可称作输入—输出图，该图可以直观地描述一个工作过程的具体步骤，如图 6-111 所示。

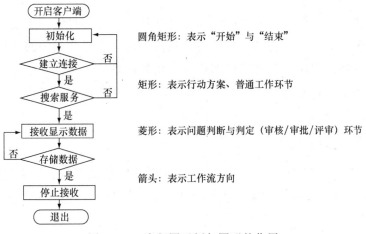

图 6-111　流程图示例与图形的作用

制作流程图有多种工具，常用的有 Office Visio、Rational Rose、Staruml 等。其中 Office Visio 由 Microsoft 公司开发，功能全面，是使用最多的流程图制作工具，下面详细介绍它的使用方法。

6.6.2　Office Visio

Office Visio 是绘制流程图使用率最高的软件之一，便于 IT 和商务专业人员就复杂信息、系统和流程进行可视化处理、分析和交流，可以创建具有专业外观的图表，以便理解、记录和分析信息、数据、系统和过程。

1．主界面

Office Visio 的主界面如图 6-112 所示，主要由快速访问工具栏、功能区、形状窗格、主工作区、状态栏等部分组成。

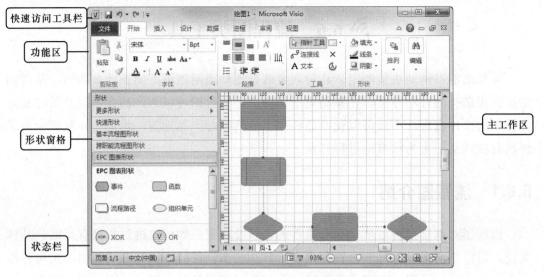

图 6-112　Office Visio 主界面

- **快速访问工具栏**：在其中可快速进行文件的保存、打开、新建等操作。
- **功能区**：集合了流程图制作的各种功能，可实现与之相关的各种操作。
- **形状窗格**：提供了各种流程图形状以供使用。
- **主工作区**：用于流程图的制作、编辑、设计和修改。
- **状态栏**：显示与当前操作相关的各种状态。

2. 形状模具多样

Office Visio 提供了大量的形状模具，除了预设的快速形状、基本流程图形状、跨职能流程图形状外，选择形状窗格中的"更多形状"选项，在弹出的子菜单中可调用其他更多的形状进行使用，如图 6-113 所示。

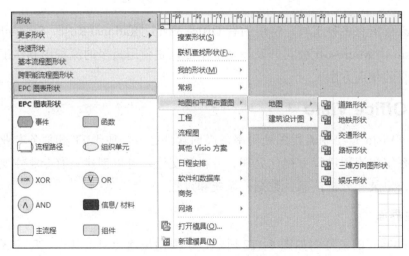

图 6-113　各种流程图形状

3．主工作区

主工作区是 Office Visio 进行流程图制作的核心区域，将需要的形状从形状窗格中拖曳到主工作区后，便可根据需要对流程图进行各种编辑操作，如图 6-114 所示。具体方法将在下一小节通过演示进行介绍。

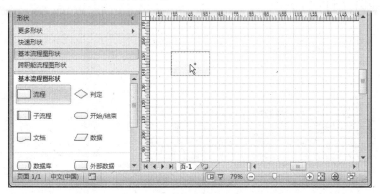

图 6-114　将形状拖曳到主工作区

4．Office Visio 操作演示

下面使用 Office Visio 制作一个简单的登录系统流程图，通过练习掌握流程图的新建与保存、形状的添加与设置、文本的输入与设置、箭头的添加，以及样式的设置等各种基本操作。最终效果如图 6-115 所示。

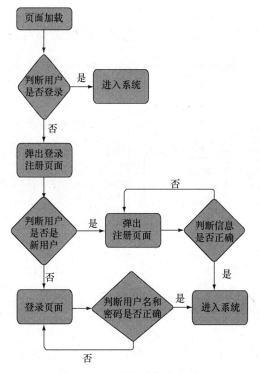

图 6-115　登录系统流程图

具体操作如下。

（1）启动 Office Visio，选择"文件→新建"菜单命令，在右侧的界面中双击"基本流程图"选项，如图 6-116 所示。

（2）在形状窗格中选择"基本流程图形状"选项，然后将"流程"形状拖曳到主工作区中，如图 6-117 所示。

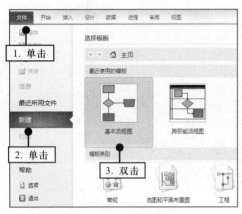

图 6-116　新建流程图　　　　　　　　图 6-117　添加形状

（3）双击添加的形状内部，输入文本"页面加载"，然后单击形状边框选择该形状，在"开始"选项卡的"字体"组的"字号"下拉列表中选择"12pt"选项，如图 6-118 所示。

（4）拖曳形状下方中央的控制点，适当减小形状的高度，如图 6-119 所示。

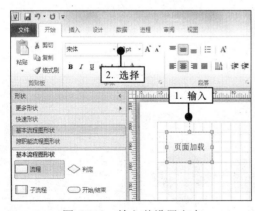

图 6-118　输入并设置文本　　　　　　图 6-119　调整形状高度

（5）按相同方法添加"判定"形状，输入文本并设置字号为"12pt"，增加形状高度，如图 6-120 所示。

（6）在"开始"选项卡"工具"组中单击 连接线 按钮，将鼠标指针移至"页面加载"形状下方中央的控制点上，使其呈红色小方块显示，如图 6-121 所示。

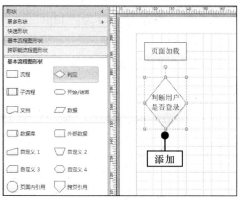

图 6-120　添加形状

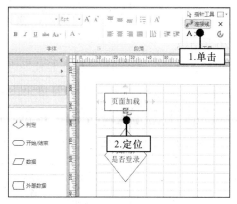

图 6-121　添加连接线

（7）按住鼠标左键不放向下拖曳至下方形状上侧的控制点处，至红色小方块时释放鼠标，如图 6-122 所示。

（8）完成连接线的添加，如图 6-123 所示。

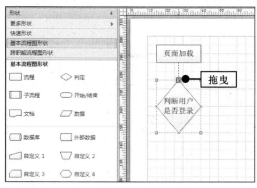

图 6-122　拖曳连接线

图 6-123　添加连接线

（9）按相同方法在下方形状的右侧和下侧添加连接线，如图 6-124 所示。

（10）单击"开始"选项卡"工具"组中的 指针工具 按钮，将"流程"形状添加到右侧连接线位置，至呈红色小方块时释放鼠标，如图 6-125 所示。

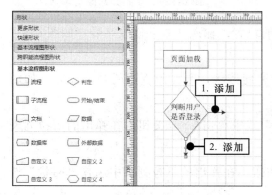

图 6-124　添加连接线

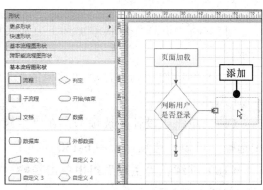

图 6-125　添加形状

（11）双击新添加形状的内部，输入"进入系统"，将字号设置为"12pt"，如图6-126所示。

（12）在"开始"选项卡"工具"组中单击 **A 文本** 按钮，然后在右侧箭头的上方单击鼠标插入文本，并输入文本内容"是"，如图6-127所示。

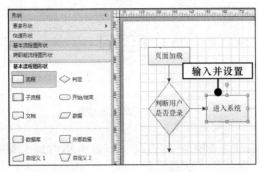

图6-126　输入并设置文本　　　　　　　　图6-127　添加文本

（13）将添加的文本字号设置为"12"，切换到指针工具，利用键盘上的方向键微调文本的位置，如图6-128所示。

（14）按住【Ctrl】键不放拖曳文本至下方箭头右侧，修改文本内容为"否"，并微调文本位置，如图6-129所示。

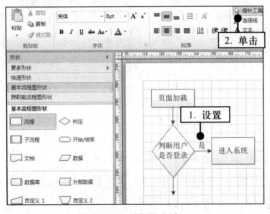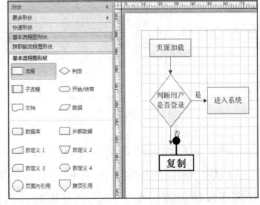

图6-128　设置文本　　　　　　　　　　图6-129　复制并修改文本

（15）将"流程"形状添加到下方箭头的位置，输入文本并修改字号，如图6-130所示。

（16）继续按相同方法添加其他的形状和连接线，制作流程图的剩余部分，如图6-131所示。

（17）单击"设计"选项卡，在"主题"组中单击 **颜色** 按钮，在弹出的下拉列表中选择"市镇"选项，如图6-132所示。

（18）继续在"主题"组中单击 **效果** 按钮，在弹出的下拉列表中选择"网状"选项，如图6-133所示。

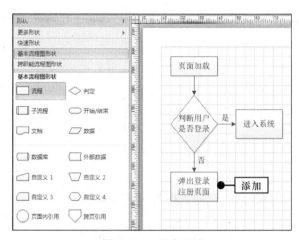

图 6-130　添加形状

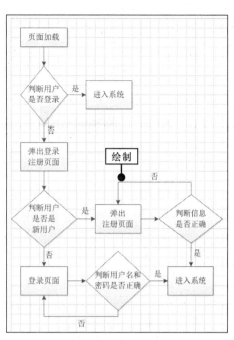

图 6-131　制作流程图其他部分

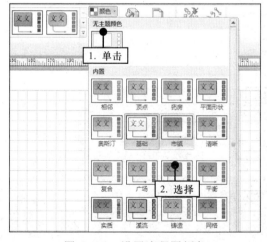

图 6-132　设置流程图颜色

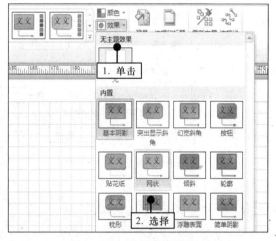

图 6-133　设置流程图效果

（19）单击"文件→另存为"菜单命令，如图 6-134 所示。

（20）打开"另存为"对话框，选择左侧列表框中的"桌面"选项，在"保存类型"下拉列表中选择"JPEG"格式对应的选项，在"文件名"下拉列表中输入"登录系统流程图"，单击 保存(S) 按钮完成操作，如图 6-135 所示。

提示：将流程图保存为 JPEG 格式后，会打开"JPEG 输出选项"对话框，在其中可进一步设置与该格式相关的参数，一般情况下默认设置即可。

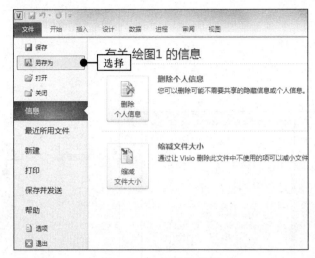

图 6-134　保存流程图

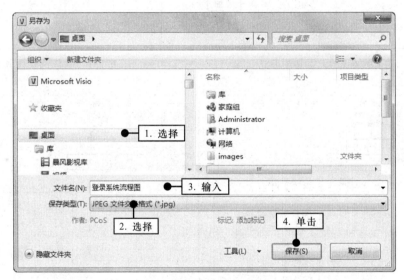

图 6-135　设置保存参数

📶 6.7　文档演示类工具

在产品经理的工作中，不仅要对产品功能进行演示，还时常需要在做产品设计时进行开发演示，此时需要经常用到一些文档演示类工具，便于素材的整理及演示工作的执行。下面将重点介绍几款常用的文档演示类工具软件，如 Demo Builder、PowerPoint、Word 等。

6.7.1　Demo Builder

Demo Builder 是一个用来创建交互式 Flash 影片，并展示应用程序和系统如何运作的工具，是多媒体演示的常用软件。它可以为用户提供一个系统，允许用户截取目标应用程序的一系列可编辑的屏幕截图，以制作 Flash 模拟和交互式演示。Demo Builder 给予用户对组成影片元素的完全控制权，以更方便地进行修改、编辑和更新等工作。由 Demo Builder 制作的文件可以存储为 Flash（SWF）文件格式或可执行文件格式（EXE），可将输出文件以电子邮件方式发送、输出到磁盘或上传到 FTP，并可输出为 HTML 格式，以通过互联网共享资源。

启动 Demo Builder 后，可选择创建空白影片、录制屏幕、导入图像或导入已有的视频文件等操作，如图 6-136 所示。

图 6-136　选择文件的创建方式

根据所选功能创建或录制影片后，便可在 Demo Builder 主界面中对每一帧内容进行各种编辑操作，使影片内容更加精确和完整，便于浏览者了解所要演示的内容，如图 6-137 所示。

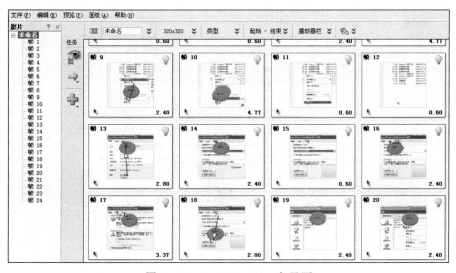

图 6-137　Demo Builder 主界面

6.7.2　PowerPoint

　　PowerPoint 是一款专门用于制作演示文稿的软件，通过它可以制作出形象生动、图文并茂的幻灯片，在现代办公领域中应用非常广泛。图 6-138 所示为 PowerPoint 主界面，其布局与 Demo Builder 相似，通过对每一张幻灯片的内容进行编辑，最终得到一个完整的演示文稿，供放映时演讲者使用和浏览者观看。

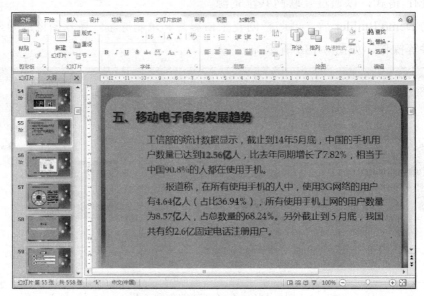

图 6-138　PowerPoint 主界面

6.7.3　Word

　　Word 具有直观、易学、易用等特点，利用它可以制作出各种图文并茂的文档，是目前使用最为广泛的文档编辑软件，图 6-139 所示为其主界面效果。

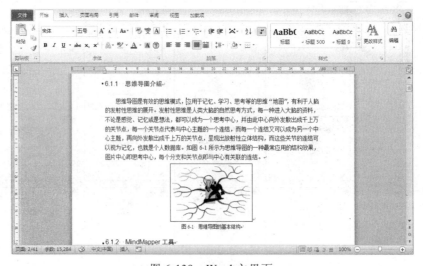

图 6-139　Word 主界面

本章小结

　　本章详细介绍了与移动电子商务建站相关的各种常用工具软件，包括思维导图类工具、原型设计类工具、图片处理类工具、网页设计类工具、APP 制作类工具、流程图类软件和文档演示类工具。读者通过学习可以了解移动电子商务建站工作可能会涉及的一些工具软件，并能基本熟悉部分软件的使用方法。图 6-140 所示为本章主要内容的梳理和总结示意图。

思维导图类	• 思维导图介绍：通过一个思考中心，向外发散出成千上万的关节点，每一个关节点代表与中心主题的一个连接，而每一个连接又可以成为另一个中心主题，再向外发散出成千上万的关节点，便于记忆、联想和思维发散 • MindMapper工具：使用节点和分支系统，将混乱的、琐碎的想法贯穿起来，整理思路，形成条理清晰、逻辑性强的成熟思维模式，最终将思想和观点可视化地表达出来
原型设计类	• Axure：专业的快速原型设计工具 • JustinMind：更专注于设计移动终端上的APP应用 • iPhoneMockup：在线原型设计软件
图片处理类	• Adobe Photoshop：进行图片编辑工作，在图像、图形、文字、视频、出版等各方面都有涉及 • Adobe Illustrator：一种应用于出版、多媒体和在线图像的工业标准矢量插画设计软件，广泛应用于印刷出版、海报书籍排版、专业插画、多媒体图像处理和互联网页面的制作 • Adobe Fireworks：用于网页图像制作和处理，它可以加速网页设计与开发
网页设计类	• 网页设计软件介绍：快速高效地创建极具表现力和动感效果的网页，使网页创作过程变得简单 • Adobe Dreamweaver：集网页制作和管理网站于一身的所见即所得网页编辑器
APP制作类	• APP介绍：智能移动设备的第三方应用程序 • Android平台下APP开发流程：开发平台的搭建→开发软件的下载与安装→Android工程的创建→主程序的编辑→运行结果的预览和调试 • 快速制作APP应用软件：APPmakr、APPcan、APPbook
流程图类	• 流程图介绍：了解事情是如何进行的，以及决定应如何改进过程 • Office Visio：创建具有专业外观的图表，以便理解、记录和分析信息、数据、系统和过程
文档演示类	• Demo Builder：创建交互式Flash影片的多媒体演示软件 • PowerPoint：专门用于制作演示文稿的软件 • Word：使用最为广泛的文档编辑软件

图 6-140　移动电子商务建站常用工具相关内容的总结

📶 课后练习题

1. 单项选择题

（1）移动电子商务是指通过（　　）进行的 B2B、B2C 或 C2C 等电子商务活动。

    A．Xmind　　　　　　　　　　　　B．JustinMind

    C．FreeMind　　　　　　　　　　　D．MindManager

（2）在 MindMapper 中选择某个节点后，按空格键可以（　　）。

    A．插入空格符　　　　　　　　　　B．删除节点中原有的内容

    C．增加一个子节点　　　　　　　　D．确认输入操作

（3）下列关于 Iphone Mockup 的说法，不正确的是（　　）。

    A．Iphone Mockup 只针对 iPhone 智能手机的原型设计

    B．Iphone Mockup 是在线原型设计软件，只能在互联网上使用

    C．Iphone Mockup 进行原型设计时，基本上都是通过拖曳操作来进行设计，使用非常简单

    D．Iphone Mockup 不支持手绘风格的设计效果

（4）在 Photoshop 中利用魔棒工具选择选区后，按（　　）键可取消所选的选区。

    A．Ctrl+T　　　B．Ctrl+D　　　C．Shift+T　　　D．Shift+D

（5）下列工具软件中，用于网页设计制作的软件是（　　）。

    A．Dreamweaver　B．Visio　　　C．Demo Builder　D．AppCan

（6）Appbook 平台是多平台移动应用制作工具，但它不支持（　　）平台使用。

    A．iPad　　　　B．iPhone　　　C．PC　　　　D．Android

（7）在制作流程图时会使用到许多不同的形状，其中代表"开始"和"结束"的形状是（　　）。

    A．圆角矩形　　B．平行四边形　C．矩形　　　　D．菱形

2. 多项选择题

（1）MindMapper 制作的文件可以输出为（　　）。

    A．图像　　　　　　　　　　　　　B．视频

    C．Word 文件　　　　　　　　　　D．PowerPoint 文件

（2）下列软件中，属于原型设计类工具的是（　　）。

    A．MindManager　　　　　　　　　B．Axure

    C．JustinMind　　　　　　　　　　D．iphone Mockup

（3）关于图像处理类工具软件的说法，下列选项中正确的是（　　）。

    A．Photoshop 擅长处理位图图像

B．Illustrator 擅长处理矢量图形

　　C．Fireworks 擅长处理网页图像

　　D．上述三者处理的文件不能兼容共享使用

（4）DreaMweaver 中提供的视图方式有（　　　　）。

　　A．代码视图　　　　B．设计视图　　　　C．普通视图　　　　D．拆分视图

（5）在 Android 平台下开发 APP 需要用的软件有（　　　）。

　　A．JDK　　　　　　B．SDK　　　　　　C．Eclipse　　　　　D．AppMakr

（6）常用的流程图制作工具软件有（　　　　）。

　　A．Word　　　　　B．PowerPoint　　　C．Rational Rose　　D．Staruml

3．判断题

（1）思维导图包括发散联想型、头脑风暴型、属性列表型等多种表现形式，但鱼骨图属于非思维导图的类别，是另一种独立的对象。　　　　　　　　　　（　　　）

（2）与 JustinMind 相比，Axure 更专注于设计移动终端上的 APP 应用，能够更加方便地进行移动端 APP 的原型设计。　　　　　　　　　　　　　　　（　　　）

（3）位图和矢量图仅仅是两种不同格式的图形文件，其内容构成是完全相同的。

（　　　）

（4）切图是指将一幅图像切割为多幅小的图像，不仅便于网页图像的更新，也加速了页面内容的加载过程。　　　　　　　　　　　　　　　　　　　　（　　　）

（5）虽然智能手机的操作系统各不相同，APP 应根据相应的平台进行开发，但使用的开发语言均是相同的。　　　　　　　　　　　　　　　　　　　　　（　　　）

（6）Demo Builder 可以创建交互式的 Flash 影片，但制作仍是按每一帧内容进行编辑，与幻灯片编辑类似。　　　　　　　　　　　　　　　　　　　　（　　　）

4．案例阅读与思考题

NTT Data 公司与 Axure RP 软件

　　NTT Data 公司是日本最大的系统整合公司之一，该公司应用 Axure RP 于项目开发后，发现在项目策划上的质量有所提升，且可以缩短 30% 的工作期间。因此 NTT Data 将 Axure RP 与 NTT Data 公司所使用的其他工具软件，整合成无缝衔接的开发环境。

　　过去在需求定义的做法主要是以纸本规划书与客户进行互相确认，无法确认系统实际运作的样貌，容易造成厂商与客户之间的想象落差，导致事后又要再追加功能，必须回头重做，或是系统建立之后被诟病不好使用的情况频繁发生。

　　这些问题使人了解到，在企划阶段便向客户展示系统实际形态，降低日后工程发生追加条件的可能性，甚至是展示系统的好用性是非常重要的。Axure RP 便具备了这样的功能。

为了解决这些的问题、对客户从必要需求定义功能到系统开发概念的提出，来降低在此后的工程的追加需求的发生，展现系统的"容易使用"的重要性。

具体而言，就是利用 NTT Data 公司的软件工程系统，于企划阶段对整体商业需求定案后，利用 Axure RP 制作出系统原型。以原型展示客户所要求的功能项目，便于买卖双方确认系统的需求。彼此达成共识后，做好的原型就可以提供充分的画面设计信息，对于后续设计开发工程也都可以活用。

过去的企划虽然也采用原型设计的方式，但因制作上并不容易，往往造成项目开发负荷太大。NTT DATA 导入 Axure RP 之后，可以很省力的方式产生原型。

在近几个项目导入 Axure RP 后的结果发现，起初的策划文件进入审查作业时，可被发现的错误数量增加了，然而后续开发阶段的追加功能的情况则减少了。在系统需求定义质量有所提升的同时，更实现了 30%的项目用时的缩减。

这些效益都是因为在企划阶段就可以展现可互动的系统原型，使整体开发在上游阶段就能确认、评估系统的使用性，产出的系统也更加贴近用户的需求。

结合上述案例资料，思考下列问题。

（1）Axure RP 为什么能帮助企业提高产品开发效率？

（2）在使用 Axure RP 最终原型产品前，为什么一般要使用思维导图类工具？

（3）流程图工具在移动电子商务建站时有什么功能和作用？

（4）归纳整个移动电子商务建站可能会用到的工具类型，并列举一些具有代表性的工具软件。

第7章

移动电子商务应用中的手机端支付

📖 学习目标与要求

了解移动电子商务的手机支付原理及常见支付手段，同时了解如何在移动电子商务平台后台开通常见的手机支付功能。

【学习重点】

- 手机支付的原理
- 手机支付的常用方式
- Shopex 如何开通支付功能

【学习难点】

- 手机支付的技术介绍

🔍【案例导入】

支付宝诈骗案例

受害人在网上像往常一样买了件衣服，页面显示支付成功。但一小时之后却接到购物网站"客服"的电话，告知其货款没有支付成功，需要重新付款。受害人没多想，就将手机上刚收到的验证码告诉了对方。但紧接着受害人又收到一条短信："您的账户支付金额500元的交易，订单尾号390096××，支付验证码为0784××，请勿泄露。"这引起了受害人的警觉，因为她购买的东西才一百多元。

受害人当即联系所谓的"客服人员"，"对方告诉我说是我的网银有点问题，这些短信只是测试，不会从银行账号中扣钱，再次让我把验证码发给他。"听"客服"这么一说，受害人就放松了警惕。接下来，她又陆续收到了14条类似短信并一一将验证码提供给"客服人员"。等受害人回过神来觉得可疑，查了账户余额后发现少了6400元。

启示：手机支付已经成为网购的重要支付方式，占据了越来越多的市场份额。与此同时，与手机支付相关的各种诈骗案件也层出不穷的出现。要避免被骗，就应该对移动电子商务手机端支付的原理、流程、方法、途径等各种知识有所掌握，并正视手机支付的安全问题，才能有效减少和杜绝手机支付诈骗的发生。

7.1 手机支付的基本概念

随着移动电子商务、移动互联网、智能手机等各方面技术的不断发展和完善，手机支付的应用也越来越广泛。2009 年中国手机支付市场规模就已达到 19.74 亿元，手机支付用户规模也早在 2009 年内增长到 8250 万人。可以预测，手机支付是支付方式发展的一种必然趋势，将受到更多用户的使用和青睐。在介绍手机支付技术、途径、方式等内容前，本节将先对手机支付的基本概念进行讲解。

7.1.1 支付手段的发展过程

货币形态的发展主要经历了实物货币、金属货币、纸币、电子货币等发展阶段，如图 7-1 所示，而金融支付手段则伴随着货币形态的发展，逐步实现了电子化和信息化。目前而言，电子货币支付方式由于其自身的安全与效率（方便、快捷、低成本）的特点已经得到了广泛的应用，这说明货币形态发展从有形到无形是必然趋势。

图 7-1 货币形态的发展过程

伴随着通信网络的不断发展完善，互联网、移动通信和计算机等技术相结合创造了电子商务这一种新兴的支付手段，即手机支付。这种方式使得支付不受传统的时空限制，在很大程度上与人们追求快捷方便的生活模式相吻合，因此自诞生以来便得到飞速发展。

电子商务中，银行是连接生产企业、商业企业和消费者的纽带，起着至关重要的作用，换句话说，能否有效地实现电子支付，银行是其中的关键。

7.1.2 手机支付的定义

手机支付也称为移动支付（Mobile Payment），是指允许移动用户使用其移动终端

（通常指手机）对所消费的商品或服务进行账务支付的一种服务方式，是交易双方为了某种货物或服务，使用手机为载体，通过移动通信网络实现的商业交易。

就手机支付的过程而言，是用户通过手机、互联网或近距离传感向银行金融机构发送支付指令产生货币支付与资金转移行为，从而实现手机支付功能。总体来说，手机支付将终端设备、互联网、应用提供商及金融机构相融合，可以为用户提供货币支付、缴费等金融业务，是继卡类支付、网络支付后的又一种受广大用户青睐的新兴支付方式。

7.1.3　手机支付支持哪些手机平台

手机支付一般需要借助第三方支付工具，而不同的支付工具支持的平台（即手机操作系统）和面向对象也有所不同，具体如表 7-1 所示。

表 7-1　不同支付工具支持的手机平台

第三方支付工具	支持的手机平台	面向对象
支付宝	Windows Phone、Symbian、Android、iOS、Blackberry、Java 等	个人和商户
快钱	Android、iOS	主要面向商户
财付通	Windows Phone、Symbian、Android、iOS 等	个人和商户

提示：第三方支付工具指的是和各大银行签约，并具备一定实力和信誉保障的第三方独立机构提供的交易支持平台。除上述支付工具外，常见的第三方支付工具还有易宝、百付宝、环讯等。

7.2　手机支付技术介绍

手机支付的实现需要依靠许多硬件和软件的技术支持，这样才能保证支付资金携带更加方便，消费过程更加便捷简单。本节将主要从手机支付的原理、流程和实现方案等角度来讲解手机支付的相关技术。

7.2.1　手机支付的原理

手机支付的基本原理是将用户的手机 SIM 卡与用户本人的银行卡账号建立起一种一一对应的关系，用户通过发送短信的方式，在系统短信指令的引导下完成交易支付的请求；也可通过 WAP 和客户端两种方式进行支付，在无需任何绑定的情况下，通过短信引导完成交易，整个过程仅需要输入银行卡号和密码即可。

就手机支付系统而言，支付过程将主要涉及消费者、商家及无线运营商，如图 7-2 所示。

图 7-2　手机支付系统示意图

- **消费者前台消费系统**：保证消费者顺利购买到所需的产品和服务，并可随时观察消费明细账、余额等信息。
- **商家管理系统**：随时查看销售数据及利润分成情况。
- **无线运营商综合管理系统**：又包括两个重要子系统，即鉴权系统与计费系统，既要对消费者的权限、账户进行审核，又要对商家提供的服务和产品进行监督，同时也为利润分成的最终实现提供了技术保证。

7.2.2　手机支付流程

手机支付流程将始终围绕消费者、消费者前台消费系统、商家管理系统、无线运营商综合管理系统来进行，如图 7-3 所示，流程中各环节的作用如下。

（1）消费者通过互联网进入消费者前台消费系统选择商品。

（2）消费者前台消费系统将购买指令发送到商家管理系统。

（3）商家管理系统将购买指令发送到无线运营商综合管理系统。

（4）无线运营商综合管理系统确认购买信息指令并发送到消费者前台消费系统或消费者手机上请求确认，如果没有得到确认信息，则拒绝交易，购买过程到此终止。

（5）消费者通过消费者前台消费系统或手机将确认购买指令发送到商家管理系统。

（6）商家管理系统将消费者确认购买指令转交给无线运营商综合管理系统，请求缴费操作。

（7）无线运营商综合管理系统缴费后，告知商家管理系统可以交付产品或服务，并保留交易记录。

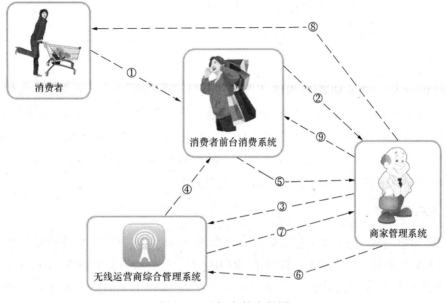

图 7-3　手机支付流程图

（8）商家管理系统交付产品或服务，并保留交易记录。

（9）商家管理系统将交易明细写入消费者前台消费系统，以便消费者查询。

7.2.3　手机支付的实现方案

手机支付技术实现方案主要有 5 种，即双界面 Java Card、SIM Pass、RFID-SIM、NFC 和智能 SD 卡。

1. 双界面 Java Card

双界面 Java Card 是多功能 SIM 卡，支持 SIM 卡/USIM 卡和移动支付功能，如图 7-4 所示。双界面 Java Card 放到手机内可利用手机内置的 STK 菜单查看读取 Java Card 内容，并可通过 STK 菜单操作各类应用。

图 7-4　Java Card 外观

双界面 Java Card 空间大，可内置多个支付钱包。最具特色的是用户可后续通过空中下载、召回 Java Card 重新写入等方式不断增加、修改或删除 Java Card 内部 STK 菜单应用。另外，Java Card 为非接触通信设置了两种天线方案，即定制手机方案和低成本天线组件方案。其中低成本天线组件方案中的天线为可拆卸组件，天线坏掉可以重新配置，自行购买粘贴即可，方便实用。

2．SIM Pass

SIM Pass 是一种多功能的 SIM 卡，支持接触与非接触两个工作接口，接触界面实现 SIM 功能，非接触界面实现支付功能，且兼容多个智能卡应用规范，如图 7-5 所示。

利用 SIM Pass 技术，可在无线通信网络及相应的手机支付业务服务平台的支持下，开展各种基于手机的现场移动支付服务。使用 SIM Pass 的用户只需在相应的消费终端前进行读取操作，即可安全、轻松地完成支付过程。

3．RFID-SIM

RFID-SIM 卡通过将 RF 的芯片嵌入标准的 SIM 卡中而发挥作用或进行通信，并能利用 SIM 卡上的 CPU 实现运算功能。RFID-SIM 卡是双界面智能卡（RFID 卡和 SIM 卡）技术向手机领域渗透的产品，是一种新的手机 SIM 卡，如图 7-6 所示。RFID-SIM 卡既具有普通 SIM 卡一样的移动通讯功能，又能够通过附与其上的天线与读卡器进行近距离无线通信，从而能够扩展至非典型领域，尤其是手机现场支付和身份认证功能。

图 7-5　SIM Pass 外观　　　　　　图 7-6　RFID-SIM 外观

4．NFC

NFC 即近距离无线通信技术，是由非接触式射频识别（RFID）演变而来，其基础是 RFID 及互连技术。近场通信是一种短距高频的无线电技术，在 13.56MHz 频率运行于 20 cm 距离内，其传输速度有 106 kb/s、212 kb/s 或 424 kb/s 三种。

NFC 手机内置 NFC 芯片，该芯片具有相互通信功能，并具有计算能力，比原先仅作为标签使用的 RFID 更增加了数据双向传送的功能，这个进步使得其更加适合用于电子货币支付，特别是 RFID 所不能实现的，相互认证、动态加密和一次性钥匙（OTP）能够在 NFC 上实现。

NFC 技术支持多种应用，包括移动支付与交易、对等式通信及移动中信息访问等。通过 NFC 手机，可以在任何地点、任何时间，通过任何设备，与希望得到的娱乐服务与交易联系在一起，从而实现完成付款，获取信息等操作。图 7-7 所示为 NFC 标签的外观，其中 NFC 芯片就内置于标签中。

5．智能 SD 卡

智能 SD 卡简称 SD 卡，是一种基于半导体快闪记忆器的安全数码卡，被广泛应用于便携式装置，如智能手机、数码相机、个人数码助理（PDA）和多媒体播放器等，如图 7-8 所示。SD 卡已成为目前消费数码设备中应用最广泛的一种存储卡，具有大容量、高性能、安全等多种特点，与 MMC 卡相比，SD 卡具备进行数据著作权保护的暗号认证功能（SDMI 规格），同时读写速度比 MMC 卡要快 4 倍，达 2M/秒。

图 7-7　NFC 标签外观

图 7-8　SD 卡外观

 提示：MMC 卡即多媒体卡，是一种快闪存储器卡标准，可反复进行读写记录 30 万次，并且几乎可用于所有使用存储卡的设备上。

7.3　手机支付的 3 种途径

就目前而言，可以通过 3 种途径实现手机支付操作，即手机话费支付、绑定银行卡支付、银联快捷支付。

7.3.1　手机话费支付

手机话费支付是指费用通过手机账单收取，用户在支付其手机账单的同时支付了这一费用。在这种方式中，移动运营商为用户提供了信用，但这种代收费的方式使得移动运营商有超范围经营金融业务之嫌，因此其范围仅限于下载手机铃声等有限业务，交易额度会受到一定限制。图7-9 所示为使用手机话费支付方式下载手机彩铃的界面。

7.3.2　绑定银行卡支付

绑定银行卡支付是指费用从用户开通的电话银行账户（即借记账户）或信用卡账户中扣除，这种方式中手机只是一个简单的信息通道，作用仅在于将用户的银行账号或信用卡号与手机号联接起来，因此如果更换手机号则需要到开户行进行变更，才能使绑定的银行卡生效，进而才能实现绑定银行卡支付。图 7-10 所示为通过绑定的银行卡进行话费充值的效果。

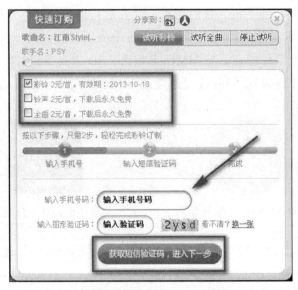

图 7-9　下载彩铃的操作界面

图 7-10　话费充值的操作界面

7.3.3　银联快捷支付

银联快捷支付也就是无绑定手机支付，即个人用户无需在银行开通手机支付功能，便可使用各种带有银联标识的借记卡进行支付。这种方式采用双信道通讯方式进行通信，非同步传输，更加安全快捷，相对而言这种方式最为简单、方便和快捷。

银联快捷支付是由支付宝率先在国内推出的一种全新支付理念，具有方便、快速的特点，是未来消费的发展趋势，其特点体现在"快"，用户购买商品时不需开通网银，只需提供银行卡卡号、户名、手机号码等信息，银行验证手机号码正确性后，第三方支付发送手机动态口令到用户手机号上，用户输入正确的手机动态口令，即可完成支付。如果用户选择保存卡号信息，则用户下次支付时，只需输入第三方支付的支付密码或是支付密码及手机动态口令即可完成支付。图 7-11 所示为支付宝提供的快捷支付的开通流程和支付流程示意图。

图 7-11　开通快捷支付和使用快捷支付的流程图

7.4　手机支付常见支付方式

随着手机支付越来越被用户接受和使用，手机支付方式也变得越来越多样化，许多第三方支付工具应运而生，为用户带来了更多的支付选择。但就目前而言，常见的手机支付方式主要包括支付宝、财付通、中国移动支付等，下面分别介绍。

7.4.1　支付宝

支付宝是全球领先的第三方支付平台，成立于 2004 年 12 月，致力于为用户提供"简单、安全、快速"的支付解决方案。旗下有"支付宝"与"支付宝钱包"两个独立品牌。自 2014 年第二季度开始成为当前全球最大的移动支付厂商。

2008 年起支付宝开始介入手机支付业务，2009 年推出首个独立移动支付客户端，2013 年初更名为"支付宝钱包"，并于 2013 年 10 月成为与"支付宝"并行的独立品牌。

2014 年 2 月 8 日，支付宝公司发布的数据称，截至 2013 年底支付宝实名用户已近 3 亿，其中超过 1 亿的手机支付用户在过去一年完成了 27.8 亿笔、金额超过 9000 亿元的支付，支付宝成为全球最大的移动支付公司。

支付宝方面公布的这份数据称，自 2013 年 11 月以来，支付宝手机支付每天达到 1200 万笔，这一数字进入 2014 年之后提升至 1800 万笔，这是全球手机支付厂商中最好的表现。同时，支付宝方面称从 2013 年第二季度开始，支付宝手机支付活跃用户数超过了 Paypal，位居全球第一。支付宝快捷支付用户数是 2.4 亿，手机支付用户超过 1 亿。另外，支付宝最新统计显示，其 2015 年移动支付笔数占整体比例高达 65%。

　　以支付宝钱包为例，下载该 APP 后，即可使用淘宝账号、支付宝账号直接登录，没有账号则可注册登录。初次登录后可以进行密码设置，完成后便可查询交易记录、查看余额宝收益、充值缴费或进行其他支付操作，如图 7-12 所示。

图 7-12　支付宝钱包的功能界面

7.4.2　财付通

　　财付通是腾讯公司于 2005 年 9 月正式推出的专业在线支付平台，其核心业务是帮助在互联网上进行交易的双方完成支付和收款。致力于为互联网用户和企业提供安全、便捷、专业的在线支付服务。用户注册财付通后，即可在拍拍网及 20 多万家购物网站轻松进行购物。财付通支持全国各大银行的网银支付，用户也可以先充值到财付通，享受更加便捷的财付通余额支付体验。

财付通与拍拍网、腾讯 QQ 有着很好的融合，按交易额来算，财付通排名第二，份额为 20%，仅次于支付宝。

除财付通以外，微信支付是由腾讯公司又一款移动支付创新产品，由知名移动社交通讯软件微信及第三方支付平台财付通联合推出，旨在为广大微信用户及商户提供更优质的支付服务。微信的支付业务和安全系统由财付通提供支持，由于微信的使用率日益普及，因此通过微信进行支付的用户也越来越多，微信支付成为目前最为活跃的手机支付方式之一。图 7-13 所示显示了众多平台都提供有微信支付功能，可见除支付宝以外，微信支付已经受到了用户的广泛青睐。

图 7-13　不同平台都提供有微信支付功能

7.4.3　中国移动支付

中国移动手机支付是中国移动集团面向用户提供的一项综合性移动支付服务，在为用户带来新的支付体验的同时，还大大提高了交易的安全性和便捷性。用户只需开通手机支付业务，系统便将为用户开设一个手机支付账户，通过该账户便可进行远程购物（如互联网购物、缴话费、水费、电费、燃气费及有线电视费等）。

开通手机支付业务后，若用户在中国移动营业厅更换一张手机钱包（此功能需先更换 RFID-SIM 卡），则还可以使用手机在部分有中国移动专用 POS 机的商家（如便利店、商场、超市、公交）进行现场刷卡消费。图 7-14 所示为中国移动支付的常见功能应用。

图 7-14　中国移动支付的各种功能

📶 7.5　Shopex 如何开通支付功能

　　无论是开设个人网上购物商店还是企业在线购物商城，都需要该店铺或商场具备支付功能，才能达到移动电子商务的基本目的。开通支付功能的软件有许多，但就目前而言，Shopex 是其中应用最为广泛的软件之一，下面就介绍使用该软件开通支付功能的方法。

7.5.1　Shopex 介绍

　　网上商店平台软件系统又称网店管理系统、网店程序、网上购物系统、在线购物系统等。Shopex 则是目前国内市场占有率最高的网店软件，它具有强大的商品功能、订单功能、会员功能、模板功能、广告功能、管理功能、配送功能等，可以免费下载、免费使用、免费升级，且没有使用时间或功能限制。

　　Shopex 基于免费开源但却性能卓越的 Lamp（Linux+Apache+Mysql+Php）架构，与 Windows 平台架构不同，Shopex 使用的架构无需为了操作系统、数据库等支付任何额外费用，大大降低成本。Shopex 软件稳定、安全、性能优异，在业内具有良好的口碑，软件功能强大、全面和完善，更有多种辅助配套程序，结合使用更能大大提升网店管理效率。

　　除此以外，Shopex 还配套了多种免费网商工具，可以迅速提升网店综合管理水平。

Shopex 提供的 Shopex 网店助理、Shopex 网店小信使，可以达到无需登录即可管理网店的效果，而 Shopex 网店客服通，则可提高网店客服水平，有效地将流量转换为效率。

7.5.2　如何安装 Shopex

使用 Shopex 软件首先需要对其进行下载，然后将该软件的安装包上传到自己的网站空间，接着进行安装和设置就可使用了，其具体流程如图 7-15 所示。

图 7-15　Shopex 的安装流程图

- **下载并解压安装包**：在 Shopex 官方网站或其他地方下载 Shopex 安装文件的压缩包，然后使用 WinRAR 等解压工具对压缩包进行解压操作，如图 7-16 所示。

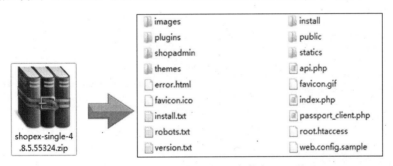

图 7-16　下载并解压安装包

- **上传安装文件**：申请并拥有自己的空间，然后利用 FlashFXP 等工具将前面解压的安装文件上传到空间中，如图 7-17 所示。

图 7-17　上传 Shopex 安装文件

- **在线安装**：访问上传安装文件的空间，利用安装文件安装 Shopex，并对数据库、管理员、服务器时区等各种参数进行设置，如图 7-18 所示。

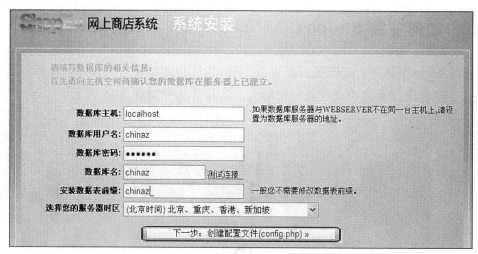

图 7-18　在线安装并设置 Shopex 系统

- **使用开店向导进行设置**：安装后将打开开店向导，根据提示进行网店设置，包括基本信息设置、前台界面设置、商品数据添加、配送和支付方式设置等，如图 7-19 所示。

图 7-19　开店设置

- **授权开通网店**：完成前面所有操作后，即可要求 Shopex 授权开通网店或商城，其中需要支付一定费用。

7.6　移动支付的发展现状及趋势

移动支付（即手机支付）发展到现在，可以看到其自身的一些现状，并可预测未来的发展趋势，下面将从手机支付的优势、安全和发展等角度进行分析。

7.6.1　手机支付的优势

手机支付能以如此快速的势头发展，肯定具有其自身的一些独特优势，比如智能手机的普及、手机支付的方便性等，具体如图 7-20 所示。

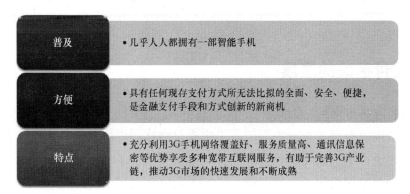

图 7-20　手机支付的优势

7.6.2　手机支付的安全

手机支付无论对用户还是银行而言，首先需要考虑的就是通过各种技术手段保障其安全性。没有这一基本前提，手机支付的前景便不容乐观。

国内各商业银行先后在一些地区开通了自己的手机银行，但很多手机银行的总体安全状况并不能令人满意，具体可以从标准问题和技术问题两个方面进行解释。

1．标准问题

从国内移动支付业务的开展情况看，仍然缺乏统一的被广泛认可的支付安全标准。解决此问题的方法，首先应加强用于移动支付安全保障的信息安全基础和通用标准的研制，为移动支付的安全保障提供基础性技术支撑。同时，加强支撑移动支付业务应用的 RFID 标准的研制，突破 RFID 空中接口安全保障技术，加快具有自主知识产权的 RFID 空中接口协议的制定。国内移动支付产业链中各部门应加强合作，制定通用的移动支付安全保障流程、协议、安全管理等标准，保障移动支付业务系统的互联互通，促进移动支付产业的安全、快速、健康发展。只有一个完善的行内标准才能给用户提供一个诚信的支付环境。

2．技术问题

手机支付的技术问题主要体现在大多数手机受到 SIM 卡容量的限制上，所发送的信息全部为明码，致使手机支付的安全性较低。另外就是通过短信支付方式的即时性较差，难免会造成资金流和物流的停滞。

解决技术问题的方法，首先是 SIM 卡与 STK 卡的融合问题。STK 卡是一种小型编程语言的软件，可以固化在 SIM 卡中，它能接收和发送 GSM 的短信数据，起到 SIM 卡与短信之间的接口作用，同时它还允许 SIM 卡运行自己的应用软件。其次，利用手机支付一般要求通信的实时性较强，采用短信手段在遇到某些情况时，由于存储等原因，往往使其不能及时转发而有一定的延时，需要通过技术手段保障信息传输的及时性。

7.6.3　支付手段的发展

3G、4G 网络出现后，大量新兴行业应运而生，手机支付作为一种新的支付手段也在更广的范围内得到了充分的应用。手机支付将移动网络与金融系统结合在一起，能够方便用户通过手机实现多种金融服务，我国庞大的手机用户和银行卡用户数量为手机支付业务的发展奠定了良好基础，图 7-21 所示为我国 2009 年至 2013 年手机支付用户的数据对比和增长预测。

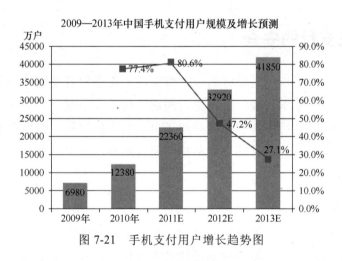

图 7-21　手机支付用户增长趋势图

随着智能手机终端的普及及通信技术的发展，智能手机可以更加轻松、便捷、安全的使用账户查询、交易、管理等功能，为手机支付用户带来更佳的体验，未来甚至可能取代传统网上支付。手机支付将会成为首要电子支付渠道之一，交易量可达到甚至超越互联网渠道水平，成为电子货币时代的一大飞跃。

📶 本章小结

本章详细介绍了与移动电子商务应用的手机端支付的相关内容，读者通过学习可以了解手机支付的定义、原理、流程、实现方案、途径、支付方式等基本知识，同时可以熟悉支付手段的发展过程、Shopex 软件的使用，以及移动支付的发展现状及趋势等内容。图 7-22 所示为本章主要内容的梳理和总结示意图。

手机支付的基本概念	• 支付手段的发展过程：原始货币→纸币→电子货币→手机支付 • 手机支付的定义：使用手机对所消费的商品或服务进行账务支付的一种方式 • 手机支付支持哪些手机平台：WindowsPhone、Symbian、Android、iOS、Blackberry、Java等
手机支付技术介绍	• 手机支付的原理：将SIM卡与银行卡账号建立起一对应的关系，通过发送短信的方式，在系统短信指令的引导下完成交易支付的请求 • 手机支付流程：围绕消费者、消费者前台消费系统、商家管理系统、无线运营综合管理系统 • 手机支付的实现方案：双界面Java Card、SIMPass、RFID-SIM、NFC、智能SD卡
手机支付的三种途径	• 手机话费支付：费用通过手机账单收取，即用户在支付其手机账单的同时支付这一费用 • 绑定银行卡支付：费用从用户银行账户（即借记账户）或信用卡账户中扣除 • 银联快捷支付：只需提供银行卡卡号、户名、手机号码等信息，银行验证手机号码正确性后，第三方支付发送手机动态口令到用户手机号上，用户输入正确的手机动态口令完成支付
手机支付常见支付方式	• 支付宝、财付通、中国移动支付
Shop如何开通支付功能	• Shopex介绍：市场占有率最高的网店软件（即网上商店平台软件系统） • 如何安装Shopex：下载并解压安装包→上传安装文件→在线安装→开店设置→授权开通
移动支付的发展现状及趋势	• 手机支付的优势：手机普及率广、支付方便、能充分利用手机网络 • 手机支付的安全：标准问题和技术问题的解决 • 支付手段的发展：将会成为首要电子支付渠道之一

图 7-22　移动电子商务应用中的手机端支付相关内容总结

课后练习题

1．单项选择题

（1）实现手机支付需要将用户手机上的（　　　）与用户本人的银行卡账号绑定。

　　A．SD 卡　　　　　B．Java 卡　　　　　C．SIM 卡　　　　　D．MMC 卡

（2）下列选项中，不是手机支付实现方案的是（　　　）。

　　A．Java Card　　B．WAP　　　　　C．RFID-SIM　　　D．NFC

（3）SD 卡的主要作用在于（　　　）。

　　A．通信　　　　　B．上网　　　　　C．存储　　　　　D．身份识别

（4）Shopex 是一款（　　　）工具。

　　A．网上消费查询　　　　　　　　　B．网上购物管理

C. 手机网站开发　　　　　　　　D. 网上商店平台软件系统

2. 多项选择题

(1)"快钱"第三方支付工具支持的手机平台有（　　　）。

A. iOS　　　　　　B. Android　　　　C. Windows Phone　D. Symbian

(2)手机支付系统主要涉及的对象有（　　　）。

A. 消费者　　　　B. 政府部门　　　　C. 商家　　　　　　D. 无线运营商

(3)手机支付的途径包括（　　　）。

A. 提现支付　　　　　　　　　　B. 手机话费支付

C. 绑定银行卡支付　　　　　　　D. 银联快捷支付

(4)下列选项中，属于腾讯公司开发的手机支付方式的是（　　　）。

A. 财付通　　　　B. 支付宝　　　　　C. 支付宝钱包　　　D. 微信

(5)手机支付的技术问题在于（　　　）。

A. 手机操作方法的普及度较低　　　B. 信息为明码发送，安全性较低

C. 短信支付方式的即时性较差　　　D. 购物消费后进行支付有额度限制

3. 判断题

(1)纸币是人类社会中出现的最早的货币，纸币之后又出现了电子货币这种支付手段。　　　　　　　　　　　　　　　　　　　　　　　　　　　　　（　　　）

(2)手机支付实际上就是利用手机进行购物等消费并结账的支付方式。（　　　）

(3)无线运营商综合管理系统不仅可以管理消费者前台消费系统，还能控制商家管理系统。　　　　　　　　　　　　　　　　　　　　　　　　　　　　（　　　）

(4)手机支付未来有可能取代传统网上支付，将成为首要电子支付渠道之一。

（　　　）

4. 案例阅读与思考题

信用卡诈骗

"我被骗了13万，这可怎么办？"12月23日下午5点多，一名中年女子急匆匆走进雕庄派出所报案，称自己遭遇诈骗损失惨重。在民警的安抚下，女子才断断续续说出事情的经过。女子姓束，盐城人，是常州一家纺织集团的员工。22日早上，她接到一个陌生电话，对方自称盐城市工商局工作人员，说束女士在上海办了一张信用卡，已经欠款2万余元。束女士连声喊冤，称自己人在常州，压根没到上海去办信用卡，更何况她也从来没办过信用卡。

"既然这样你就向上海市公安局报案吧，如果情况属实，他们会把这笔钱销掉，就不需要你还了。"随即，对方给了束女士一个电话号码，说是报案电话。

束女士立即拨打电话，对方询问她是否有工商银行的卡，称只要完成银行卡升级保护，束女士这事就算完了。随后，对方要求束女士将银行卡卡号和密码一并告知。束女士一心想早点解决此事，不想一直背着这一笔莫名其妙的债务，就将卡号和密码告诉了对方。对方发现银行卡里没钱，束女士又如实告知，银行卡里的确没钱，但此卡与余额宝绑定，余额宝里面有 13 万多元。对方随即要求束女士把支付宝的账户和密码告知，并提出要将余额宝里面的 13 万元转到银行卡，这样才能完成银行卡的升级保护。束女士脑子一热，还是照做了。

　　在等待转账期间，对方多次打电话催促束女士，让她去银行查看转账是否成功。此时，束女士起了疑心。第二天上班，束女士的同事见她心事重重，便来询问。束女士将事情告诉了同事。"你被骗了，赶紧去派出所报案。"同事立刻警告束女士，束女士脑子一片空白，赶紧来到派出所。

　　民警得知此事，马上登录束女士的支付宝，可支付宝的密码已被修改。民警使用束女士的手机进行短信验证，重新修改了登录密码。庆幸的是，成功登录后，民警发现 13 万元的金额还在转账中，并未转账成功。民警即刻联系支付宝在线客服，询问是否有此笔转账业务，并联系支付宝公司终止此项转账业务。很快，13 万多元如数退还到束女士的支付宝。

　　结合上述案例资料，思考下列问题。

　　（1）上述案例中的受害人将银行卡与支付宝绑定，那么她使用手机支付可能采用哪种支付途径？

　　（2）手机支付的原理和流程是怎样的？

　　（3）手机支付手段面临的安全如何？未来发展应该注意什么？

　　（4）常见的手机支付方式有哪些？

第8章
移动电子商务建站案例分析

📖 学习目标与要求

通过了解基于 B/S 模式的案例、基于 C/S 模式的案例、基于"微信"平台的案例等，学会如何利用第三方工具或平台快速搭建移动电子商务平台，比如微信网店、独立移动电子商务网站及 APP 商城。

【学习重点】

- 利用第三方工具或平台快速搭建移动电子商务平台

【学习难点】

- 搭建 C/S 模式的移动电子商务平台（软件及工具使用）

🔍 【案例导入】

到家美食会

"到家美食会"成立于 2010 年，专注于为城市家庭用户提供知名特色餐厅的外卖服务。用户通过"到家美食会"的呼叫中心、网站或手机客户端，可以方便地从周边知名特色餐厅订餐，并由"到家美食会"的专业送餐团队配送到家。

"到家美食会"自建重度垂直的物流服务系统，消费者可通过"到家美食会"网站、手机客户端或呼叫中心，从周边知名特色餐厅订餐，并由"到家美食会"的专业送餐团队配送。

用户的需求无外乎是快速的送餐服务，而商家的需求是单量的增加，更是与之相匹配的运力的增强。其实，很多位于商务区的餐厅在用餐高峰阶段丝毫不缺订单，他们缺的往往就是订单响应能力和配送能力。聚焦这两个层面的需求，自建物流便很自然地称为"到家"。

当然，自建物流必然使得到家美食会的运营成本大大高出其他外卖 O2O 平台，而这部分成本免不了要由用户和商户来承担。中高端餐厅看重自身服务，宁愿多花一点钱也要保证自己的品牌美誉度。而到家的用户则大多数是对价格不太敏感的用户，他们愿意多花一点钱来获得及时、精准的送餐服务。并且，用户一旦对这个平台产生了信任感，便会与平台形成黏性，这个竞争壁垒不是其他平台一朝一夕可以攻破的。

期间，到家注重服务效率和品质，在满足食客们对于菜品温度、口味、时间等方面的"苛刻"要求的同时，借此打造到家的核心服务优势。9 月初，到家美食会在获取京东及晨兴创投领投 C 轮融资的同时，除了再次得到资本认同和支持外，到家与京东快点有机整合，结合其餐饮 O2O 领域更为严格配送标准业务体系，以解决"最后一公里"问题，将来具有更大延展的空间。

到家美食会自建物流体系以保障餐饮 O2O 线上到线下的平稳落地，无形中与京东模式具备异曲同工之妙，从京东大电商的战略层面理解，投资到家，物流整合，这种非常巧妙的整合，也将能够体现出到家美食会与其他类似物流型平台的差异化发展。从客观上来讲，到家借助京东系的庞大客流和资源的支撑，到家美食会在更快捷地健全线上平台的条件下，还可以借助京东平台庞大的客流，挖掘物流价值，从而再次强化餐饮 O2O 方面的创新。

启示：移动电子商务建站的目的是为了使电商企业的服务理念成功地转化为现实。换句话说，只要电商产品能被广大用户接受和使用，那么无论基于哪种模式或平台进行产品开发，结果都是成功的。一些看似简单的小巧移动电商产品，其用户注册量和使用流量往往却大得惊人，这不是它们选择建站模式的原因，而是其服务真正抓住了用户的心。

📶 8.1　基于 B/S 模式的案例分析

B/S 模式是网页兴起后的一种网络结构模式，即"浏览器/服务器"模式，其中 Web 浏览器是客户端最主要的应用软件。就移动电子商务而言，基于 B/S 模式开发的产品就是手机网站，下面介绍这类移动电子商务平台的搭建、设置等相关知识。

8.1.1　B/S 架构模式分析

B/S 结构主要是利用了不断成熟的 Web 浏览器技术，结合浏览器的多种脚本语言和 ActiveX 技术，用通用浏览器实现原来需要复杂专用软件才能实现的强大功能，同时节约了开发成本。在这种结构下，极少部分事务逻辑在前端（Browser）实现，主要事务逻辑在服务器端（Server）实现。

B/S 最大的优点就是可以在任何地方进行操作而不用安装任何专门的软件，只要有一台能上网的电脑就能使用，客户端零安装、零维护，扩展系统也非常容易。

许多大型电子商务企业都开发了以 B/S 架构模式为基础的电子商务平台，如淘宝网（http://m.taobao.com）、京东商城（http://m.jd.com）、苏宁易购（http://m.suning.com）等，图 8-1 所示即苏宁易购和京东商城的手机网站购物平台。

(a) (b)

图 8-1 苏宁易购和京东商城的手机网站购物平台

提示：手机淘宝也是典型的 B/S 模式的电子商务平台，同时也是知名度最高、用户使用量最高的购物平台之一。对于想要在这个平台上开店的用户来说，应该首先考虑自身条件是否适合这个平台。适合在淘宝平台上开店的用户一般包括：小型企业老板、大学生创业者、初创业者、自有货源的商户、整天活动在网上的用户等。

8.1.2 如何搭建 B/S 模式的移动电子商务平台

搭建 B/S 模式的移动电子商务平台非常简单，以淘宝为例，在该平台上搭建 B/S 模式平台（即网上开店）的流程如图 8-2 所示。

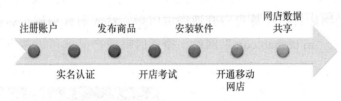

图 8-2 在淘宝上开店的流程

- **注册账户**：登录淘宝网，通过网站提供的"免费注册"功能选择手机号码注册或邮箱注册。根据提示填写相关注册资料，同意协议并提交注册信息。如果选择邮箱注册，则在完成注册后需要进入邮箱中收取淘宝网发送的确认邮件，并单击链接激活账号。

 提示：如果已经是淘宝网的注册买家，则不用重复进行卖家注册操作。因为在淘宝网中允许使用一个账号来同时代表买家和卖家两个身份。

- **实名认证**：支付宝实名认证是网上开店必须的环节，在淘宝网中进入"我的淘宝"页面，单击"卖宝贝请先实名认证"功能，然后根据提示进行实名认证操作。支付宝实名认证就是确认卖家的真实身份，这个认证从一定程度上增加了网上开店的复杂度，但很大程度上增加了整个网上交易的安全性。过去开店时需要上传身份证并等待淘宝网人工验证，而现在淘宝网已经跟全国各家银行合作，只要有银行的实名登记银行卡，淘宝网就可通过银行系统认证身份，提高了此操作的效率。

- **发布商品**：淘宝网认为至少有 10 件以上出售中的商品才有开店的资格，因此卖家需要首先发布 10 件不同的商品（并保持出售中的状态），才可以免费开店。发布商品的步骤为：依次进入"我的淘宝"→"我是卖家"→"我要卖"功能版块，然后根据提示上传发布相关商品信息。

- **开店考试**：在淘宝网开店必须通过其开店考试，这是 2010 年年底淘宝网对新卖家启用的新规则，考试的主要内容是《淘宝规则》，考试分数须达到 60 分才能通过，其中的基础题部分必须准确率 100%。考试通过后阅读诚信经营承诺书，然后根据提示填写店铺名称、店铺类目及店铺介绍，并同意"商品发布规则"及"消保协议"，然后确认提交信息，确认无误后就可以拥有属于自己的淘宝网店铺了。开店考试的方法为：依次进入"我的淘宝"→"我是卖家"功能版块，单击"我要开店"按钮，然后系统会出现要求参加考试的提示。

- **安装软件**：安装软件主要指的是与买家交流沟通的通信软件。在淘宝网上进行交易沟通不是通过 QQ、手机或其他方式，而是使用阿里旺旺这个即时通信软件，该软件拥有很多卖家功能，非常实用。在买卖过程中如果与买家有任何纠纷，阿里旺旺的聊天记录是以后处理纠纷的重要证据。安装阿里旺旺的方法为：进入淘宝网首页，在"网站导航"中单击"阿里旺旺"超链接，即可下载并安装该软件。

- **开通移动网店**：在计算机上开通淘宝店后，对应的移动淘宝店也自动开通了，用户在手机上登录"m.taobao.com"网站，搜索店铺或产品就可以搜索到自己的店铺，如图 8-3 所示。

(a)　　　　　　　　　　(b)

图 8-3　在手机上搜索店铺

- **网店数据共享**：开通网店后便可通过淘宝提供的后台管理系统进行数据库管理，对商品信息等进行修改、更新、删除等操作。由于电脑网站和手机网站共用一个数据库，因此对商品信息进行重新设置后，两个网站的数据也会同步更新。其示意图如图 8-4 所示。

图 8-4　计算机网站和手机网站数据共享

8.1.3 淘宝手机店铺怎么设置

需要对淘宝手机店铺进行设置时，可直接在计算机上登录淘宝网的卖家中心，然后进行所需的设置即可，其流程如图 8-5 所示。

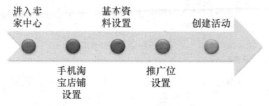

图 8-5 淘宝手机店铺的设置流程

具体设置方法为：登录淘宝网，单击右上方的"卖家中心"超链接，进入卖家中心版块，在网页左侧导航栏中单击"店铺管理"栏下的"手机淘宝店铺"超链接，然后在右侧界面中单击"手机店铺基础功能设置"超链接，即可在打开的网页中根据需要对店铺的基本资料、推广位、店铺活动进行设置，如图 8-6 所示。

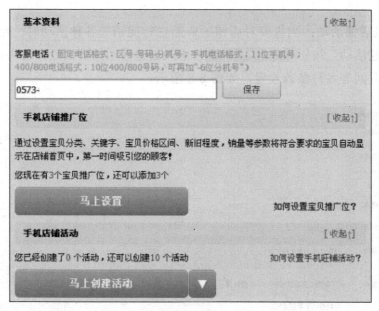

图 8-6 淘宝手机店铺的设置内容

- **基本资料**：根据创建店铺时填写的资料显示当时未录入的其他资料，在其中可补充输入并保存。
- **手机店铺推广位**：推广位就是在淘宝首面或前页的广告宣传位，在上图中单击"马上设置"按钮即可进入推广位设置的页面，如图 8-7 所示。在其中可设置推广位标题、配色方案、关键字、价格等各种信息。

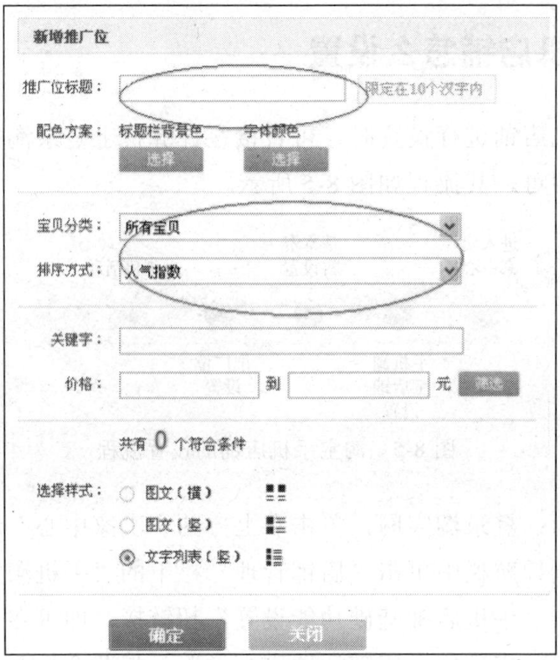

图 8-7　推广位设置

● **手机店铺活动**：当需要对店铺的商品进行促销等各种活动时，可在上图中单击"马上创建活动"按钮 ▇▇▇▇▇，进入创建活动的页面后即可进行活动名称、描述、活动时间等各种参数设置，如图 8-8 所示。

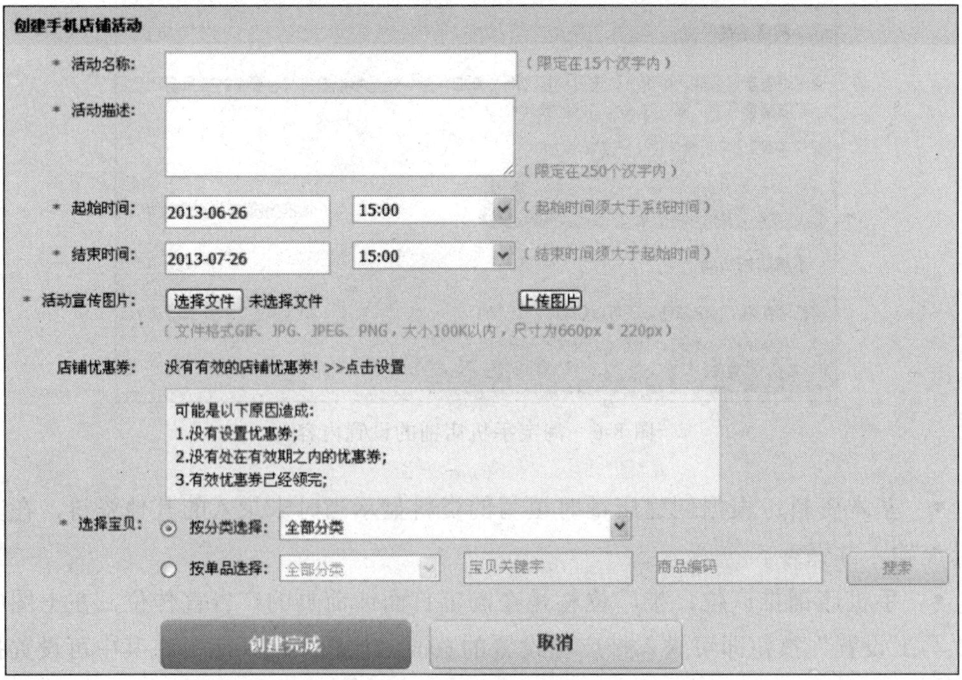

图 8-8　创建活动

8.1.4　利用快站搭建自己的移动电子商务平台

快站是一种快速搭建移动电子商务平台的工具软件，使用它可以非常直观、快捷地创建需要的平台。

1．快站概述

快站是搜狐公司推出的一款可视化快速建站工具，利用该工具用户可通过在线可视化页面编辑器简单生成自己的移动端网站。使用此款建站工具无需技术基础，不仅能帮助用户拥有自己的移动网站，更能带来更多的移动端入口资源。其优点具体如下。

- 无需技术基础，简单拖曳即可生成漂亮页面。
- 提供多个强大的功能组件，包括组图、视频、文章列表、按钮、地图、二维码等。
- 内容管理系统简单易用。
- 提供多套专门的移动模板。
- 使用 HTML5 技术，响应式页面设计，所建站点兼容所有主流移动设备。

2．使用快站建站的流程

使用快站建站的流程相对复杂一些，但每一个建站环节都非常直观和简单，没有任何建站经验和能力的用户都可以使用该工具轻松完成建站操作。下面具体介绍使用快站搭建移动电子商务平台的流程。

（1）注册并登录。使用快站需要首先成为其会员，访问快站首页，注册成会员后即可以会员身份登录快站，如图 8-9 所示。

图 8-9　注册和登录快站

（2）选择并设置模板。登录后使用快站的建站功能，此时可以选择网站模块，然后可进一步对所选模板的主题、颜色等进行设置，如图 8-10 所示。

（3）编辑界面。选择并设置模块后，即可进入图 8-11 所示的页面对自己的网站界面进行编辑。根据需要可以将左下方的"内容"等选项卡中的对象直接拖曳到右侧手机网页预览图中，并设置具体的内容，操作非常方便和直观。

（4）编辑页面对象。对网站的整体布局进行添加和设置后，可以选择某个网站对象，然后通过出现在手机网页预览图右侧的参数对该对象进行进一步设置。图 8-12 所示为选择导航栏对象后，通过参数对导航栏的名称、链接类型、链接对象等进行设置的效果。

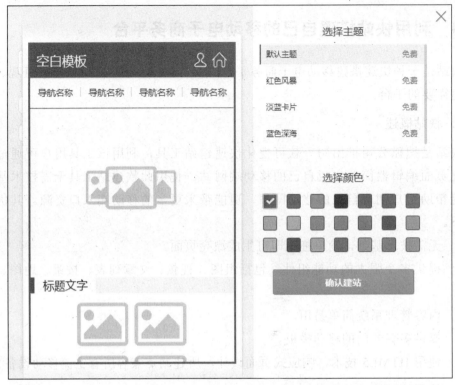

图 8-10　选择并设置网站模板

图 8-11　编辑网页整体布局

图 8-12　编辑导航栏

（5）添加商品。当在导航栏中设置了"电子商务"链接类型后，便可在下一步操作中添加商品，如图 8-13 所示。通过单击右上角的 █████ 创建商品 █████ 按钮即可根据提示轻松添加需要的商品到网站中。

图 8-13　添加商品

（6）开通支付方式。要实现电子商务交易就必须在建站时开通支付功能，快站提供有支付宝支付、绑定银行卡支付等多种方式可供选择。图 8-14 所示为开通支付宝的效果。

（7）网店整体配置。此环节主要可以对网站名称、域名名称、网站 Logo 等网店的基本信息进行设置，如图 8-15 所示。

图 8-14　设置支付宝支付方式

图 8-15　设置网店基本信息

（8）绑定域名。通过绑定域名可以使用户快速输入域名内容访问手机网站，此环节也属于网店整体配置的一个步骤，如图 8-16 所示。

图 8-16 绑定域名

（9）发布站点。所有操作完成且确认无误后，便可进行站点的发布操作了，如图 8-17 所示。发布站点需要涉及三个步骤，分别为身份验证、站点信息设置和同意用户协议。最终等待快站官方对搭建的移动电子商务平台进行审核并通过后，便可使用网店进行交易了。

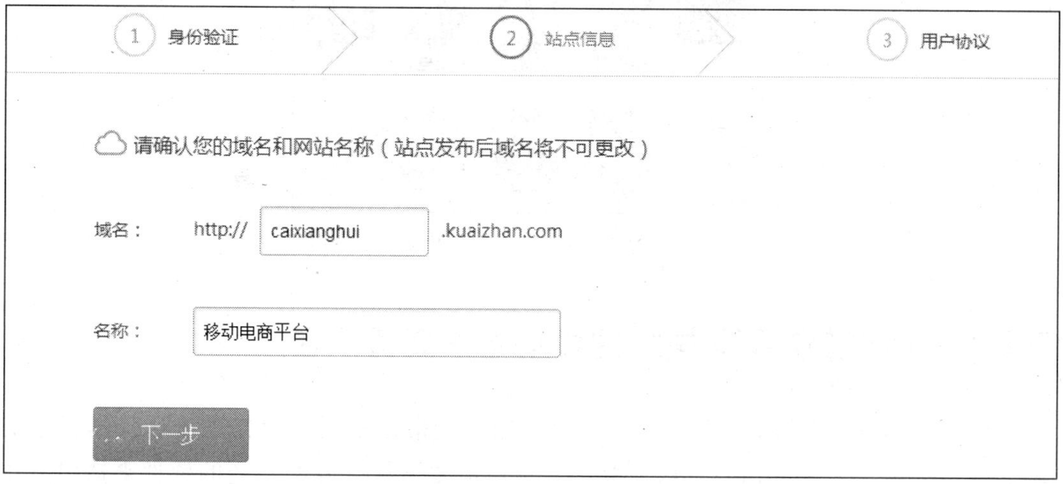

图 8-17 发布站点

8.2 基于 C/S 模式的案例分析

C/S 模式即"客户机/服务器"模式，它是软件系统体系结构，通过它可以充分利用两端硬件环境的优势，将任务合理分配到客户端和服务器端来实现。在这种模式下开发的移动电子商务产品就是 APP，下面介绍这类移动电子商务平台的搭建、制作等相关知识。

8.2.1 C/S 模式分析

C/S 结构即客户机和服务器结构，它是软件系统体系结构，通过它可以充分利用两端硬件环境的优势，将任务合理分配到 Client 端和 Server 端来实现，降低了系统的通信开销。目前大多数应用软件系统都是 C/S 形式的两层结构，就移动电子商务平台而言，C/S 结构的平台实际上就是 APP。

C/S 结构的优点是能充分发挥 PC 客户端的处理能力，很多工作可以在客户端处理后再提交给服务器，因此客户端的响应速度较快，应用服务器运行数据的负荷较轻，同时数据的储存管理功能较为透明。

目前许多大中型电子商务企业都开发有自己的手机 APP，将其下载到手机并安装后，就可以在桌面上显示对应的 APP 启动图标，如图 8-18 所示，单击图标即可使用该程序。

图 8-18　各电子商务企业发布的手机 APP

8.2.2　如何搭建 C/S 模式的移动电子商务平台

搭建 C/S 模式的移动电子商务平台首先应该根据不同的操作系统选择需搭建的 APP 使用环境，如 Android、iOS 环境等，然后需要下载并安装对应的软件来搭建制作 APP 的环境，最后程序员便可根据已有的规划和设计进行 APP 开发，包括数据库开发、支付接口设置等。本书在第 6 章通过 APP 制作类工具讲解了 Android 平台下 APP 的开发流程，因此这里不再重复介绍，可参看前面讲解的知识进行巩固学习。

8.2.3　自己动手制作电子商务 APP

对于不具备编程能力的个人或规模不大的企业而言，如果对 APP 功能的要求不高，可以通过其他更为简便快捷的方法制作电子商务 APP，其中使用率最高的 APP 制作工具就是快站和 Kancart。

1. 利用快站生成 APP

快站除可以搭建移动电子商务平台外，还可生成 APP，其方法为：按搭建电子商务平台的方式创建某个站点，然后单击快站页面上方的"APP"选项卡，如图 8-19 所示。根据需要设置 APP 名称、快捷图标、启动时显示的图片等各种参数，单击"生成 APP"按钮 [生成APP] 即可快速创建 APP。

图 8-19　利用快捷生成 APP

2. 利用 Kancart 制作 APP

Kancart 作为一家提供移动电子商务解决方案的公司，其主要服务就是帮助商家在手机端建立店铺。该软件目前支持 iOS、Android 等主流平台，且根据服务层级的不同，提供有免费和收费的不同版本。

Kancart 的特点在于商家建立移动商铺的成本较低，步骤并不过于烦琐，且只需几个步骤就能将网页端的商铺信息和后台管理系统移植到手机端。

使用 Kancart 需下载 Kancart 的官方 APP，然后根据提示进行申请操作。Kancart 允许手机商店顾客不必注册也能下单购物，因此申请 Kancart 官方 APP 后，就能实现开店操作。Kancart 支持主流的所有支付方式，如图 8-20 所示。

图 8-20　Kancart 支持的支付方式

> 提示：Kancart 建议用户首先发布移动网站，以有效转化移动流量，同时获得移动运营的实际操作经验。当移动网站日访客超过 1 万时，才建议发布移动 APP，否则很难有足够的 APP 安装量来产生 APP 的交易。

8.2.4 移动电子商务 APP 分析

国内移动电子商务应用市场规模增长迅速，各大电子商务企业先后推出 Android、iPhone 等手机客户端，移动电子商务成为各大电子商务纷纷瞄准的新战场。

在众多新增加的 APP 之中，电子商务 APP 制作程序成为使用率最高的 APP 之一。而据统计，在美国，绝大多数 B2C 平台，甚至个人的网络商铺都几乎一对一，甚至一对多的推出各自版本的购物 APP。而如今，中国电子商务平台的商城 APP，还尚处于部署阶段，只有局部有实力的电子商务平台，才完成了 APP 制作开发。

据网络调研称，85% 的用户会在 1 个月内将 APP 应用从其手机中删除，而 5 个月后，应用留存率仅有 5%，这对很多电子商务 APP 来说无疑是非常不利的数据。淘宝无线的最新数据则显示，移动购物 APP 软件平均逗留时间不超过 10 分钟，远低于 PC 购物时间。综上所述，我国移动电子商务 APP 市场具有很大的潜力，但同时也面临巨大的挑战。需要参与移动电子商务领域的各方人士共同努力，打造一个良好的移动电子商务交易平台。

8.3 基于"微信"平台的案例分析

微信由于其广泛的普及率和巨大的使用流量，使得这种软件具备成为移动电子商务平台的条件，许多企业会依托"微信"这个平台开展移动电子商务活动，下面介绍在这种平台下的移动电子商务平台知识。

8.3.1 微信介绍

微信是腾讯公司于 2011 年 1 月 21 日推出的一个为智能终端提供即时通信服务的免费应用程序，支持跨通信运营商、跨操作系统平台，通过网络快速发送免费语音短信、视频、图片和文字。同时，微信也可以使用通过共享流媒体内容的资料和基于位置的社交插件"摇一摇""漂流瓶""朋友圈""公众平台""语音记事本"等服务插件。

微信作为时下最热门的社交信息平台，也是移动端的一大入口，正在演变成为一大商业交易平台，其对营销行业带来的颠覆性变化开始显现。微信商城的开发也随之兴起，微信商城是基于微信而研发的一款社会化电子商务系统，消费者只要通过微信平台，就可以实现商品查询、选购、体验、互动、订购与支付的线上线下一体化服务模式。

8.3.2　基于微信的电子商务平台有哪些

基于微信的电子商务平台主要包括微购物、有赞、微店网等。

● **微购物**：以京东为代表，京东集团宣布在微信平台的"购物"一级入口启动上线，并陆续向全国微信用户开通，这就是微购物的建立模式。即以微信平台的"购物"功能一级平台，电子商务企业为二级购物平台，用户可以通过微信快速访问购物平台，进行购物交易，如图 8-21 所示。

(a)　　　　　　　　　　　　　　(b)

图 8-21　微购物平台

● **有赞**：有赞是帮助商家在微信上搭建微信商城的平台，提供店铺、商品、订单、物流、消息和客户的管理模块，同时还提供丰富的营销应用和活动插件。有赞的出现，是微店铺区别于传统电子商务的，更为明显的电子商务模式。它不像传统电子商务过度依赖于平台，而是依赖于客户的客户，以及客户与客户保持联系的渠道。在市场运营策略上，不再以平台为中心，而是通过微博、微信这样的沟通渠道，直接联系到客户的客户，从而带来销量，如图 8-22 所示。

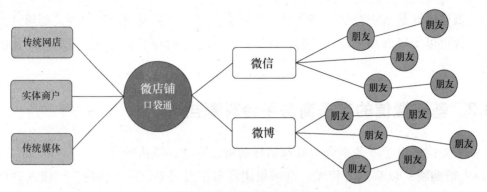

图 8-22　有赞业务示意图

- **微店网**：微店网由深圳市云商微店网络技术有限公司运营，是全球第一个云销售电子商务平台。微店网的上线，标志着个人网商群体的真正崛起。这种模式使得建立微店无需资金成本、无需寻找货源、不用自己处理物流和售后，是最适合大学生、白领、上班族的兼职创业平台。图 8-23 所示为微店网移动端的登录页、产品页、详情页效果。

(a)　　　　　　　　　　(b)　　　　　　　　　　(c)

图 8-23　微店网移动端页面效果

8.3.3　如何搭建基于微信的移动电子商务平台

由于微信本身就是一个非常完善的平台体系，因此搭建基于微信的移动电子商务平台就相对非常简单，下面以有赞和微店网为例进行介绍。

1．有赞开通流程

基于微信平台的有赞开通流程如下。

（1）使用浏览器登录到有赞官方网站，在其首页中单击 立即注册 免费开店 按钮，如图 8-24 所示。

图 8-24　注册有赞

 提示：有赞的前身即"口袋通"，所以搜索"口袋通"关键字也能访问有赞网站。目前官方网站域名正式更改为"www.youzan.com"。

（2）进入注册页面，根据提示输入相应的注册信息，完成后单击 完成开店 按钮，如图 8-25 所示。

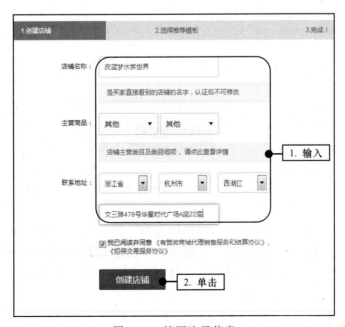

图 8-25　填写注册信息

（3）进入登录页面，依次输入手机号码、登录密码和验证码，完成后单击 登录 按钮，如图 8-26 所示。

图 8-26　输入登录信息

（4）登录到有赞微商城页面后，直接单击 创建店铺 按钮，如图 8-27 所示。

图 8-27　创建店铺

（5）进入创建店铺的页面，根据提示填写相关信息，如店铺名称、主营商品、联系地址等，选中"我已阅读并同意"复选框，单击 创建店铺 按钮，如图 8-28 所示。

（6）进入选择模板的页面，在其中可选择有赞提供的各种店铺模板，然后单击下方的 确定 按钮，如图 8-29 所示。

（7）完成店铺的创建并显示成功的相关提示，单击 马上装修店铺 按钮，如图 8-30 所示。

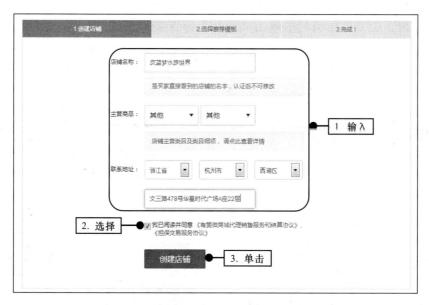

图 8-28 填写公店铺信息

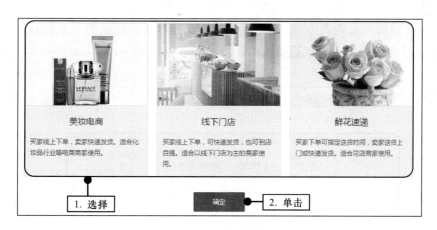

图 8-29 选择模板

图 8-30 成功创建店铺

（8）在网页上方的导航栏中单击"商品"超链接，并单击左上方的 发布商品 按钮，开始添加商品。首先选择商品类别，然后单击 下一步 按钮，如图8-31所示。

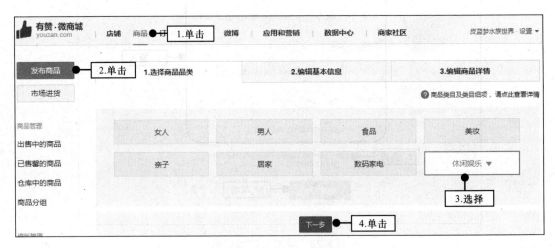

图8-31　选择商品类别

（9）继续编辑商品购买方式、分组、规格、库存等各种商品的基本信息，如图8-32所示。完成后继续单击下方的 下一步 按钮。

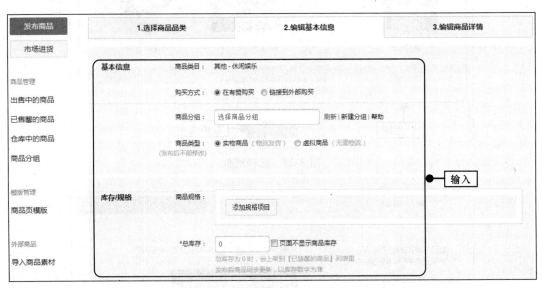

图8-32　设置商品基本信息

（10）继续编辑商品的详细内容，如展示图片、价格、详情等，完成后单击 上架 按钮，如图8-33所示。

（11）按相同方法即可添加更多的商品，并可通过单击上方的"商品"超链接查看已有商品的信息列表，如图8-34所示。

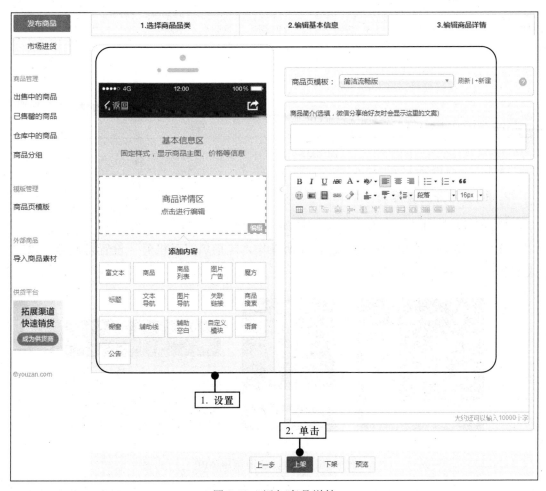

图 8-33 添加商品详情

图 8-34 查看已有商品

（12）单击"订单"超链接，则可查看下单、付款、发货等数据，并可通过单击"提现"超链接将货款收入转存到银行卡中，如图 8-35 所示。

图 8-35 查看订单详情

2．微店网开店流程

微店网通过 APP 进行开店，其方法如下。

（1）下载微店 APP，安装后进行注册操作，包括填写手机号、设置密码等，以完成实名认证，如图 8-36 所示。

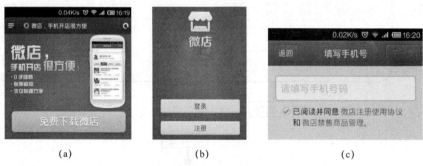

(a)   (b)   (c)

图 8-36 下载并注册微店 APP

（2）完成个人信息认证后，继续设置店铺信息，包括输入店铺名称、设置店铺图标等，完成店铺的创建，如图 8-37 所示。同时微店也允许将店铺地址绑定到微信号，以便在微信平台中进行使用。

(a)   (b)

图 8-37 设置店铺信息

（3）创建店铺后即可登录店铺对其进行更多设置，如出售物品、订单、收款等，如图 8-38 所示。

　　　　（a）　　　　　　　　　　　（b）

图 8-38　设置店铺参数

（4）完成店铺设置后即可通过微信平台进行产品发布和支付操作，如图 8-39 所示。

　　　　（a）　　　　　　　　　　　（b）

图 8-39　发布产品信息并进行支付操作

📶 本章小结

　　本章详细介绍了移动电子商务建站的各种典型案例及分析，包括基于 B/S 模式、基于 C/S 模式、基于微信平台的移动电子商务平台的搭建知识等。读者通过学习可以了解移动电子商务平台的各种典型案例，搭建方法和相关内容，方便以后从事建站方面的工作时有一个更好的基础。图 8-40 所示为本章主要内容的梳理和总结示意图。

基于B/S模式的案例分析	·B/S架构模式分析："浏览器/服务器"模式；不用安装任何专门的软件；主要事务逻辑在服务器端（Server）实现 ·如何搭建B/S模式的移动电子商务平台：熟悉淘宝网上移动电子商务平台的搭建过程 ·淘宝手机店铺怎么设置：熟悉淘宝手机店铺的基本设置方法 ·利用快站搭建自己的移动电子商务平台：了解使用快站搭建移动电子商务平台的方法
基于C/S模式的案例分析	·C/S模式分析："客户机/服务器"模式；充分利用两端硬件环境 ·如何搭建C/S模式的移动电子商务平台：了解C/S模式的移动电子商务平台搭建方法 ·自己动手制作电子商务APP：了解使用快站和Kancart制作电子商务APP的过程 ·移动电子商务APP分析：市场巨大；用户使用习惯还有待培养
基于"微信"平台的案例分析	·微信介绍：为智能终端提供即时通讯服务的免费应用程序 ·基于微信的电子商务平台有哪些：微购物、有赞、微店网 ·如何搭建基于微信的移动电子商务平台：了解有赞和微店网的移动电子商务平台搭建方法

图 8-40　移动电子商务建站案例分析相关内容的总结

课后练习题

1．单项选择题

（1）下列电子商务平台中，不是基于 B/S 架构模式的是（　　）。

    A．淘宝　　　　　B．京东　　　　　C．苏宁易购　　　　D．微信

（2）"客户机/服务器"结构的模式是（　　）。

    A．B/S 模式　　　　　　　　　　B．C/S 模式

    C．微信模式　　　　　　　　　　D．其他模式

（3）下列选项中，可以制作移动电子商务平台 APP 的是（　　）。

    A．XMind　　　　　　　　　　　B．JustinMind

    C．Kancart　　　　　　　　　　　D．MindManager

2．多项选择题

（1）下列选项中，以 C/S 架构模式为基础搭建移动电子商务平台的有（　　）。

    A．支付宝　　　　B．微店　　　　C．美丽说　　　　D．天猫

（2）就目前而言，基于微信的电子商务平台主要有（　　　）。

　　　　A．微博　　　　　B．微购物　　　　　C．有赞　　　　　D．微店铺

3．判断题

（1）B/S 模式的优点在于能充分发挥客户端的处理能力，客户端的响应速度较快。

（　　　）

（2）快站是一个快速搭建移动电子商务平台的工具，但不能制作 APP。（　　　）

（3）中国移动电子商务 APP 用户的使用习惯导致中国的 APP 市场没有任何前景。

（　　　）

4．案例阅读与思考题

链端网的业内奇迹

近来北京一个叫链端网的酒类小电商带给业内一个惊喜，半年时间平台日均交易额从 0 迅速增长到 100 万。他们是如何做到的呢？

目前酒类电商的基本模式归纳起来大致有以下几类。

一是垂直模式，即供应商+旗舰店+线下店+物流+消费者。其特点是业务链条较长，优点是掌控生产和消费两端，赢利来源主要是产品销售价差，不足之处产品单一需求满足度太低。

二是平台模式，即线上交易平台+线上服务，其特点是业务链条较短，优点是平台容量大服务功能多，赢利来源主要是各种服务费及推广收费，不足之处是平台打造周期长、引流费用太大。

三是复合模式，即垂直与平台有机结合。其特点是厂家与平台服务分工明确有机结合，优点就是垂直与平台的优势相加和不足互补，主要赢利来源是销售利润+服务推广费，不足之处是受厂商对立的电商理念阻碍难以建立。

虽然电商去中间化是个大趋势，但大型渠道商及无数终端商的资金、信息、物流需求同样是个不可替代的大市场，仅仅北京市场就有 30 万个零售终端，非常需要一个平台商提供中间服务。链端就是瞄准了这个需求将目标市场定位于此。业绩的快速增长证明了这个市场定位是准确的。所以，当大家都把目标定位于上游吸纳厂家资源和末端争夺消费市场的时候，链端网在仔细研判需求与竞争态势后，将目光投向了不被大家关注的中间环节需求。

既然打造为渠道两端服务的平台，那就要有足够的客户，这样平台交易才能做大、服务项目才能扩大。以往的电商急功近利搞收费加盟及收费推广，但效果很差。因为客户还没有见到利益或模式优势时是不会先付钱的。因此，链端网精准把握了客户心理做出了平台扩张的策略，既免费加盟，同时又在启动期免费提供集中采购延期付金融服务、即时订单和库存优化服务、整合物流同城众包配送服务、跨界开发混搭经营

服务，从而赢得了众多客户的兴趣和信任，终端客户在 6 个月内从 0 增加到了 1 万家，供货商客户达到了近百家。

酒类电商从开始就走向了的恶性竞争的道路。厂商之间围绕销售价格、APP 推广、线下终端跑马圈地等持续的展开大战，电商业务链从物流直到消费者全面建立不给他人任何插缝机会。面对这种无序的局面，链端网经过冷静思考分析酒类电商模式的利弊及发展趋势，按照互联网生态环境的客观要求，确立了"和谐共生、中间服务、开放平台"的经营理念，从而吸引许多厂家和品牌运营商及终端商前来洽谈合作。

结合上述案例资料，思考下列问题。

（1）链端网的平台模式是哪种？

（2）各种移动电子商务建站平台有什么特点？

（3）利用第三方平台搭建移动电子商务网站或 APP 的优势是什么？适合哪类用户或企业？